生土建筑与修护

林文修　著

中国建筑工业出版社

图书在版编目（CIP）数据

生土建筑与修护/林文修著．—北京：中国建筑工业出版社，2023.3（2023.12重印）
ISBN 978-7-112-28244-9

Ⅰ．①生…　Ⅱ．①林…　Ⅲ．①土结构－维修　Ⅳ．①TU361

中国版本图书馆CIP数据核字（2022）第242785号

生土建筑为人类的文明和进步作出了重要贡献，在漫漫的历史长河中留下的各类遗存建筑是无声的证明。生土建筑是文明的载体，今天，在古城、古乡镇的建筑中很多都有生土建筑的身影。生土建筑是绿色低碳建筑，具有良好的保温隔热性能，一些地方仍在建设。本书为生土建筑的设计、施工、测绘和保护提供了技术和方法，弥补了这方面资料短缺、不系统的问题，可供有关人员参考。

责任编辑：高　悦　范业庶
责任校对：芦欣甜

生土建筑与修护
林文修　著
*
中国建筑工业出版社出版、发行（北京海淀三里河路9号）
各地新华书店、建筑书店经销
北京建筑工业印刷厂制版
建工社（河北）印刷有限公司印刷
*
开本：787毫米×1092毫米　1/16　印张：12¼　字数：218千字
2023年3月第一版　2023年12月第二次印刷
定价：**45.00**元
ISBN 978-7-112-28244-9
（40680）

序

生土建筑历史悠久，无论在国内还是国外均有数千年历史。其因地制宜，就地取材，施工便捷，造价低廉，保温隔热性能优越，材料可循环利用，应用广泛。在国内外遗存了许多造型独特、别具风格的生土建筑，成为建筑历史、建筑文化的一尊瑰宝。

住房和城乡建设部等15部门在《关于加强县城绿色低碳建设的意见》（建村〔2021〕45号）中指出，县城是县域经济社会发展的中心和城乡融合发展的关键节点，是推进城乡绿色发展的重要载体。在推进县城绿色低碳建设中，我们不应忘记具有宜居、节能、环保和生态平衡优势的现代生土建筑仍然具有强大的生命力。如何提升生土建筑的质量，既对我们是一种挑战，也为我们提供了新的发展机遇。

本书论述生土建筑对人类的贡献，生土建筑中承重墙体的设计与计算，土墙施工方法，生土房屋的损伤判别与检测实施和生土建筑的修复与重建技术。记得我在某刊物上读到一篇论文，该学者认为我国尚未有土墙的设计计算规定，可见对生土建筑技术还存在许多疑惑。很显然，本书对于传统生土建筑的保护与维修，以及现代生土建筑的建造，均具有重要的指导意义和使用价值。

林文修先生在本书脱稿后第一时间将书寄给了我，在这炎炎的夏天我拜读本书，身感给我送来了阵阵清风，备感愉悦。正是因为林文修先生一贯的务实作风，为我们呈现了我国生土建筑结构领域问世的首部著作。作者按照建筑生命周期这根主线而著，实用性强，很有特色。本书不仅体系完整、内容详实，而且写作风格新颖、可读性强。

我愿以此序感谢林文修先生以孜孜不倦、努力创新的精神和务实的研究作风成就了他的新作。愿我们为我国实现“碳达峰”“碳中和”的“双碳”目标，继续添一块小砖、增一片薄瓦。

施楚贤

2022年仲夏于岳麓山

前　言

自人类进入原始社会以来，为生存的需求，开始利用泥土修造建筑，作为遮风避雨的居所，挖筑土沟形成灌溉水渠，填筑沟壑修建道路，制造与人和自然斗争的城池防御体系。由此可见，在人类社会数千年的发展历程中，生土建筑为人类的文明和进步做出了重大贡献。

根据土的特性和成形工艺，生土建筑可分为：黄土窑洞，土坯建筑和夯土建筑三类。黄土窑洞主要用于民居建筑；土坯主要用于民居和一般建筑；夯土用于民居建筑外，在其他建筑工程领域也有广泛应用。本书第一章通过考古发现、历史记载、著名遗存的展示，对人类如何利用土的物理力学性能改造自然环境、修筑满足使用功能需要的建筑作了简要系统的介绍。希望读者能体会到古人的聪明智慧以及生土建筑对人类文明的重要作用，自觉地担负起保护传承的责任。

本书按照建筑生命的全周期分为设计、施工、损伤、检测、修护，以便读者系统学习。若是工程参考应用，设计、施工、维修、保护人员可根据新建和既有建筑所处的状态，选取不同章节的内容参考。

第二章土墙房屋设计及验算将土墙房屋分为三种结构受力形式，以便简化理解、设计和计算。目前国家没有正在执行的设计规范。原有土墙房屋设计内容的《砖石结构设计规范》GBJ 3—73（试行），于1973年颁布，1988年停止使用。本来笔者可以直接编写成文，但有意摘录了前辈砌体工程师们所做的相关工作内容，以表对他们兢兢业业作风的敬意。本章通过工程案例说明了保证建筑整体性和耐久性的方法。

第三章土墙施工，主要是讲夯土墙体的施工方法，因为土坯墙的施工跟烧结普通砖类似，可直接参考。夯土墙体的施工方法资料很少，也不系统。本章讨论了夯土的野外鉴别，选取，制备，夯筑成形以及墙体施工的全过程。以前夯土施工质量是靠匠人的经验，没有人研究夯实原理。本章根据土力学原理，按照墙体夯筑施工特点进行了实验研究，为科学施工提供了方法，并对墙体的传统材料性能和作用进行了分析，以便有目的地使用添设。

建筑的损伤在使用过程中必然发生，研究其成因是提高设计、检测、维护质量的依据。以前生土建筑没有人进行这方面的系统工作。第四章以工程案例为背景，分析了影响生土建筑整体性、安全性和耐久性的主要因素是建筑的构造连接、水的作用和使用中的随意改造。夯土墙体裂缝在房屋建筑中很普遍，本章分析了裂缝的主要类型、土质的影响、墙体的风化形态，以及裂缝对强度的影响。我国地震频发，生土建筑受损一般比较严重，通过工程灾害的综合分析，笔者提出了自己的意见和建议。

第五章房屋测绘与检测是既有建筑修缮前必须在现场进行的工作。测绘是从建筑角度对房屋尺度、装饰及构造进行测量，检测是从房屋结构安全的角度进行测量。对于历史建筑的检测现在一般还使用尺子、吊线坠，肉眼观察。本章对适用于生土建筑的现代检测仪器进行了介绍，并对现场检测方法进行了归类说明。我们已进入了数字时代，通过3D扫描仪建立建筑的数字模型，不但使测绘和检测的大量工作可以同时在电脑上进行，而且表现力强、准确度高、速度快、灵活方便。

生土建筑具有浓郁的历史和民族特色，多数都成了文物建筑。如何修缮、保护它们，是要遵循一定的原则，在第六章生土建筑修护与重建中，笔者作了较详细的阐述。生土建筑的修复和重建不能完全采用现代技术，有它的方法和技巧，本章作了较全面的介绍。并通过工程实例对出现的问题进行分析。

本书是一本跨领域的书，涉及建筑工程、文物保护和考古，这类书目前很少。各领域知识技术的渗透与融合，应是今后不可或缺的形式。本书力求以经历、故事、图片、图表等形式增强其可读性和乡土气。

现在，我们开始理解到，保护生土建筑就是保护民族文化的一部分，就是保护自己的生存环境，就是传承。2022年建筑界的最高荣誉奖普利兹克奖授予非洲建筑师凯雷，使我们又一次看到了生土建筑的价值和生命力。

我国砌体结构界的泰斗，湖南大学教授施楚贤先生，自20世纪80年代我有幸认识他以来，一直信任我，关心我进步、鼓励我工作，给我写作的动力，借此机会对他表示深深的感谢。

感谢中机中联工程有限公司对我的信任，聘请我去工作，给我创造了写作本书的条件。

本书还得到苏定勤、李康、哈志强、刘保全、晏维江、邓宇、蒋嫔的帮助，以及国内工程界、大学、科研院朋友提供的资料，在此表示感谢。

林文修

2022年10月25日

目 录

1 生土建筑

1.1 建筑用土

1.1.1 土的形成

我们赞美山川，因为山、水、树构成了美丽的图画（图 1-1-1a）；我们赞美家乡，因为赖以生存的广袤田野、小溪和房屋（图 1-1-1b），是滋养我们成长的地方。这一切都离不开阳光、空气、水和土壤。土壤中生长的植物，为我们提供了新鲜的空气、蔬菜，也是人类最初使用的建筑材料。

（a）

（b）

图 1-1-1　土地创造出的自然环境

（a）加拿大落基山；（b）四川安岳农村

地球表面是由大气、水和地壳构成的。地壳含有岩石。由于太阳、空气和水对岩石的作用，使其由整体分裂成块，逐渐变小，我们称之为风化作用。岩石风化破损以后形成的碎粒，其粒径从大于 200mm 的漂石到肉眼看不见的胶粒统称为“土”。也就是说，土是从岩体上分离出来的块石，继续风化、崩解、搬运，由大到小，以及物理化学作用，其中一部分矿物发生了质的变化，颗粒全部集合。覆盖地球表面的土是地壳表面岩层风化的产物。

从泥土的成因我们不难看出，它是岩石的风化物。笔者在约旦旅游时，到月亮谷去看远古人的岩画。当车通过一片荒漠，继续前行，映入眼帘的山体光秃，阳光直射其上没有绿色的生机，四周一片寂静，空气燥热，恍惚是在月亮之上。车子前行中，看着窗外的地形、岩石、泥沙，忽然领悟到，这就是地质学教科书中所说的，岩石变成泥土的环境和过程。月亮谷地岩体远看连绵起伏，近看不高不大、看不清成岩节理，形状各异、孤立起伏，下部是砂砾或少量泥土，显然是风化掉落的产物，如图1–1–2（a）所示。图 1–1–2（b）是岩面的裂缝和沟壑，岩石节理模糊，缝隙中耐旱的植物在表现它的存在，显然是土给了它力量。图 1–1–2（c）的泥岩顶部光秃秃的，已被风化剥蚀，岩体正被切割成小的块体、起层，变矮变小。图 1–1–2（d）的岩石已成碎块和粉状，就像地质学教科书中画的风化后形状，正在悄悄地融入土层之中。

图 1–1–2　约旦月亮谷岩体风化状态

（a）地形地貌环境；（b）大面积岩体裂缝；
（c）岩体被分块起层；（d）岩石已成碎块和粉状

1.1.2　土的分类

一般人认为，能生长植物的称为“土”。其实，岩石风化生成的“土”

是一个更广泛的概念，人类根据不同的需要有不同的划分方法。在土木工程中，把大小相近的土粒分为组，称为粒组。根据粒度成分来区分各种土中不同大小颗粒的组成特征，见表 1–1–1。

土按连续粒径大小分类（mm）　　　　表 1-1-1

巨粒组		粗粒组						细粒组	
漂石（块石）	卵石（小块石）	砾（角砾）			砂			粉粒	黏粒
		粗	中	细	粗	中	细		
200	60	20	5	2	0.5	0.25	0.074	0.002	
变化规律 大 →	→	→	→	→	→ 变	→	→	→	→ → 小

在建筑工程中，各组类别“土”的大致应用范围：巨粒组多用于石砌体结构；粗粒组多用于混凝土结构；细粒组多用于生土建筑和砖的烧制。当然，因工程需要也主动改制土粒的粒径。

习惯上，我们并不把巨粒组和粗粒组认为是“土”，而称为“石头”。巨粒组一般称为块石、片石、大卵石。粗粒组称为碎石、砂。而认为“土”是颗粒细小，具有一定塑性的黏土。在本书中，我们讨论的就是这类土。

我国根据工程经验和地质条件特点，在砂土和黏性土之间划分出一个过渡性的土类，定名为粉粒（表 1–1–1）。粉土与砂土的分类界限采用粒度成分指标，将粒径大于 0.075mm 的颗粒占全部质量 50% 作为界限，超过 50% 的土属于粗粒土，少于 50% 的土属于细粒土，细粒土包括粉土和黏性土两大类。

土的分类方法多种多样，都是根据不同的用途和工程需要进行分类。本书将黏土根据黏粒含量比例的不同分为：砂、砂土、砂质黏土、黏土和重黏土五类。具体分类比例见表 1–1–2。

黏土按颗粒组成分类　　　　表 1-1-2

名称	颗粒含量（%）	
	黏粒	粉粒和砂粒
重黏土	＞ 60	＜ 40
黏土	30～60	40～70
砂质黏土	10～30	70～90
砂土	5～10	90～95
砂	0～5	＞ 95

生土建筑使用的黏土是生土。生土是指极少含有动植物的腐殖质，土质僵硬、板结性能强、透水性差、缺乏植物生长营养的土层。图 1–1–3（a）

是一个在“古镇”中修建建筑开挖的基坑断面情况。基坑上部局部灰白色的是回填的混凝土弃渣。基坑上部整个 2m 左右厚的黑灰色层，主要是碎砖、瓦砾、腐木等建筑垃圾。开挖的基坑不远处，笔者进去看过，是一座正在维修，至少有一百多年的古庙。结合庙外建筑弃渣的厚度，该古镇至少也有数百年的历史。基坑最下 1m 多厚的黄色土层是俗称的老土，也就是生土。在黑色土层和老土层间有一灰色土层，应是耕作土层，即腐殖土。

（a）

（b）

图 1-1-3　基坑土层的组成

（a）基坑和环境；（b）断面细部情况

1.1.3　泥土的建筑制品

人类最初为了生存，向自然界索取的是水、植物的果实、树、石头和泥土。树干和石头用来防范野兽的攻击和获取肉类。树枝、草、根、泥土用来修建穴居。树枝作为骨架，泥土作为胶泥材料。土在潮湿状态下，强度低，便于挖取，又因黏土具有可塑性，便于成型、涂抹，晒干后具有一定的强度，保持原有的形状，因此成为人类最好的建筑材料。图 1–1–4（a）是河南洛阳孙旗屯遗址复原图，从图中可以看到，我国仰韶文化时期人类修建的穴居，就是使用这些材料建造的。

西安半坡遗址是距今六千多年的新石器时代仰韶文化聚落遗址，反映了半穴居晚期发展以及向地面建筑过渡阶段的情况（图 1–1–4b）。早期半穴居下部空间是挖土形成的，上部空间则是构筑而成的（图 1–1–4a）。已发现的倒塌堆积洞穴，都发现了相当厚的草筋泥围护结构的残迹，在泥中掺和草筋，显然当时的人类已懂得，掺和草筋会增加泥巴墙的抗拉性能。中期：居住面上升到地面，围护结构全系构筑而成。其中一遗址构筑的木骨泥墙，墙厚 16～20mm，泥墙内的木骨遗迹多为半圆形、楔形、矩形等扁长柱洞。晚期：分室建筑，大空间分隔组织。内部空间用木骨泥墙分隔成几个空间，突破了一个体形一个空间的简单形式，而形成分室建筑。

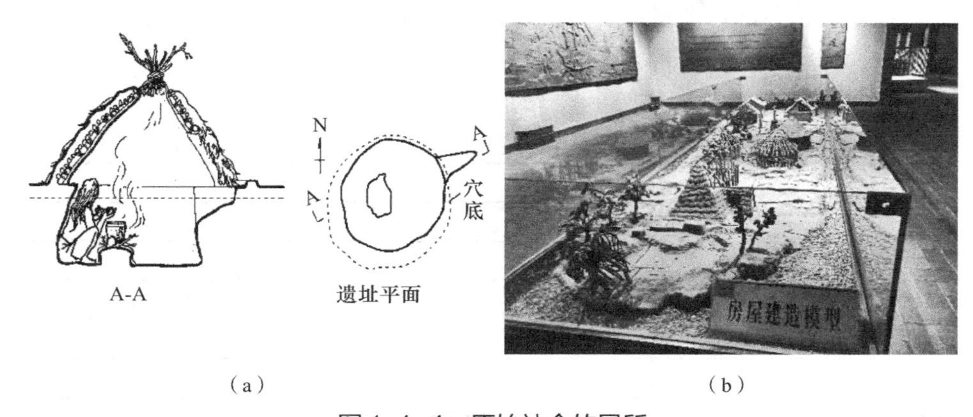

（a）　　　　　　（b）

图 1-1-4　原始社会的居所

（a）河南洛阳孙旗屯遗址复原图；（b）西安半坡村房屋建造模型

土做成土坯或夯筑用于建筑是人通过观察自然现象的变化和实践探索学习获得的知识。土通过晾晒减少土中的水分，拍击、踩压排除土中的空气，塑化土质，锤打使土更紧密，强度得以提高，这些都属于易掌握的物理手段。

最简单的土坯制作不需任何工具，只靠人的双手就行，因此，土坯的应用应早于夯土。因为，夯土需要工具，哪怕是用石块夯土。同时，人需要了解经过夯筑能提高土的强度，并且通过围合、夯筑成型的土才能满足建筑所需的形状。要学会这样一种建造技术，需要一个较漫长的摸索过程。在古代，夯土主要用于大型的建（构）筑物，如：高台、城墙、拦水坝等工程，现在全国还留存有不少的遗址。但土坯建筑就没有那么幸运，现在几乎找不到它们的踪影。

火的使用使人认识到，通过火烧的土块有很高的强度，更利于修筑建筑。土坯块体小，易于烧制，便成了我们现在所使用的砖瓦。据实物考证，砖真正大量的使用还是从战国时期开始的。说明砖的生产和使用比土坯和夯筑晚了很多时间。砖的烧结硬化是黏土坯体在 900～1200℃温度下焙烧形成的。与金属不同，黏土的熔化过程需要的时间长，可以分为三步：垂熔，玻璃化以及黏熔。经过这三个步骤，黏土成为坚硬而吸水率低的固体。焙烧发生的这一系列物理、化学变化，从形成强度机制的矿物学表征分析，以二氧化硅和氧化铝为主，并与多达 25% 的其他成分结合而组成的陶瓷体，其中含有微晶态的莫来石、玻璃态物质和石英使烧出的砖既有一定的强度，又有一定的孔隙率，可以取得承重和保温的良好效果。

土坯、夯土和烧结砖三者建筑的墙体性能比较见表 1–1–3。五项指标综合评比，烧结砖的性能最好，夯土较差，土坯差。也就是说，用烧结的方法比用物理方法制作的材料好。

三者建筑的墙体性能比较 **表 1-1-3**

类型	夯土	土坯	烧结砖
材料强度	低	较低	高
整体性能	较差	差	好
收缩量	大	较小	小
收缩裂缝	多	较少	少
耐久性	较差	差	好

在我国黄土高坡地区生活的人，在生产生活过程中发现当地的土坡能水平挖出很大的洞，只是将土挖出运走，便成了居室，用于居住生活，并且冬暖夏凉，建造成本低，这便是窑洞，是土的另一种应用形式。

土的建筑产品制成物理方法，得到的是土坯、夯土；物理、化学方法，得到的是烧结砖；利用土的孔隙特性，挖掘得到的是窑洞。房屋建筑是竖向施工，挖洞建造是水平施工。整个关系见图 1–1–5。

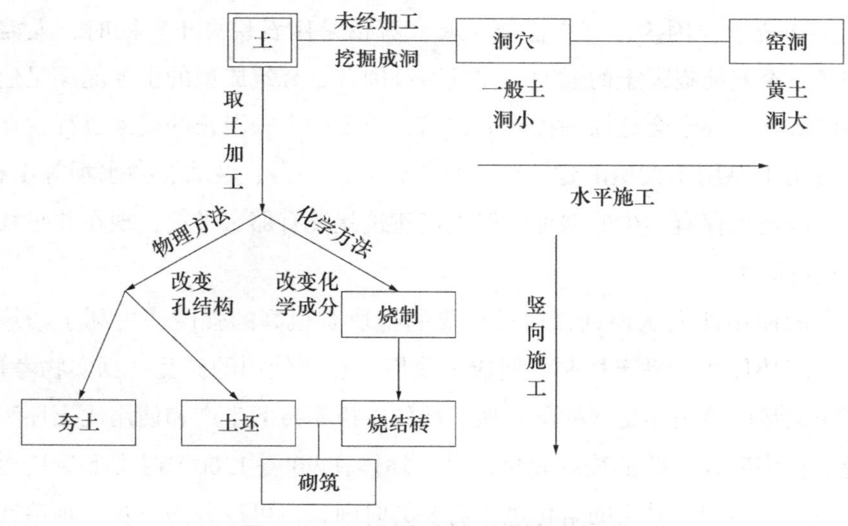

图 1–1–5 土的建筑产品制成方法

下面将分别对夯土建筑、土坯建筑和黄土窑洞进行介绍。夯筑技术出现最早，在各类建筑工程中有应用，其中不少是“大型重点”工程。土坯建筑和黄土窑洞出现相对较晚，主要应用于民居建筑。

1.2 夯土建筑

1.2.1 高台与建筑

考古证据显示，土筑技术出现于距今约5000年的仰韶文化晚期，主要用于祭祀的高台和水利设施。到公元前16世纪至公元前11世纪的殷商时代，夯土技术已经比较成熟。

土筑是通过使用石块或木棒对具备一定湿度和黏合度的生土进行捶打、捣实，改变土的原状结构状态，使密度加大，板结坚固，用简陋的石制铲削器修整周边后，形成坚实的土体。照此法逐层堆土，逐层夯实、修整，直至所需高度，从而形成了夯筑结构“台”。在商汤时期的都城亳（今河南偃师）所在地，发掘出10000m^{2}的夯土台基，上部是红夯土，下部是花夯土，是经过两次筑成的。在当时，应是一项巨大的夯土工程。

在台上修建楼阁、行廊即“高台建筑”，至少在商代就已开始。当时，根据修建功能的要求，其土体的大小、添加材料和形制是不一样的。现在的考古发掘，往往依据夯土台的位置、形制、使用材料、柱距等参数来确定原有建筑的规模和重要程度。

在《大雅·灵台》中描述了周文王修建灵台与民同乐的场景，“经始灵台，经之营之”。除史籍中有大量关于筑台的记载外，在华北地区，至今仍有许多古台遗迹。其中较著名的，有今河北易县附近战国时燕下都（公元前3世纪末）遗址的十几座台。但都只剩下一些7～10m的土墩，其原貌已不可考了。

阿房宫历来是文人墨客仰慕、歌颂的规模最宏伟的高台建筑。近年通过考古证实，项羽火烧阿房宫时，阿房宫还远未修成，只留有高台，火烧的是咸阳宫。通过考古发掘获得证实的秦咸阳宫一号宫殿遗址复原的立面图和剖面图，分别见图1-2-1、图1-2-2。从图中可见，宫殿规模宏大，全部建筑在夯土台上。通过夯土台阶高低变化，使楼台、亭阁、廊道错落有致，宏伟壮观。

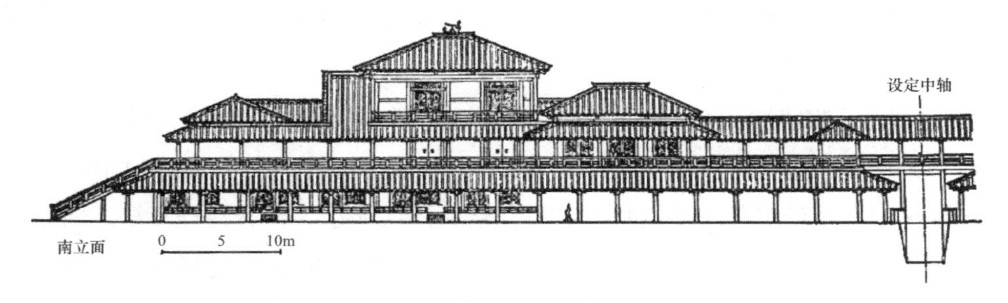

图1-2-1 秦咸阳宫一号宫殿遗址立面复原

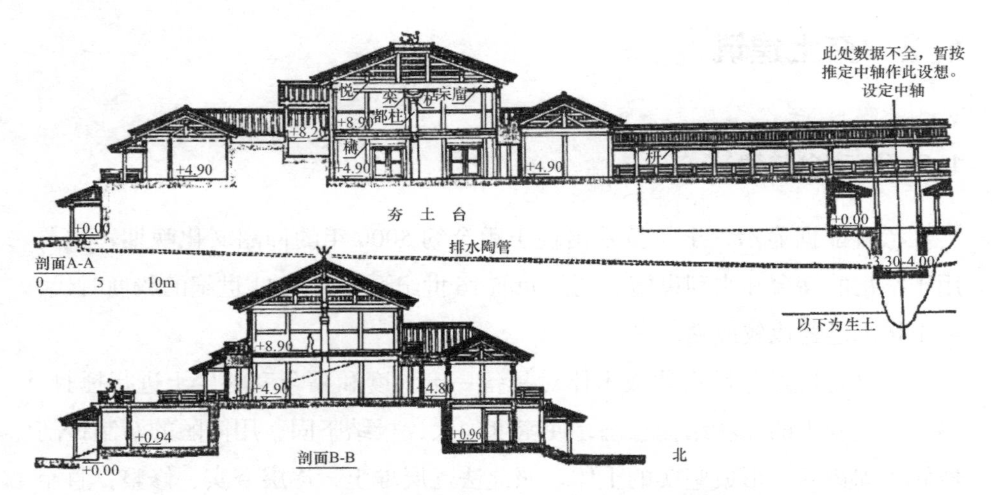

图 1-2-2　秦咸阳宫一号宫殿纵、横剖面复原图

铜雀台是波澜壮阔的三国时代的著名建筑。杜牧的浪漫诗句"东风不与周郎便，铜雀春深锁二乔"，更勾起无数后人的遐想。铜雀台遗址至今尚存，位于河北临漳县境内的"邺城"。

铜雀台由三高台组成，铜雀居中、金虎在南、冰井在北，相距各六十步，在邺城西北隅，以城墙为基一字排开。今天，冰井台已湮没无存，考古人员还未能勘探到基址遗址；金虎台的基址保存较好，夯土堆南北长120m，东西宽 71m，高 12m；铜雀台则仅保存部分基址，夯土堆南北长50m，残高 4～6m。两台之间的实测距离 83m，和文献记载的"相距各六十步"基本相符。从遗址的尺度我们也能想象出铜雀台建筑的雄伟壮观，浩然之气。

北京故宫中轴线上排列的太和殿、中和殿、保和殿三大殿，坐落在 8m 高的工字形白石殿基上，是保存得最好的高台建筑，它具有很强的象征意义。笔者参观拍到，人在台阶下，显得十分渺小（图 1–2–3a），仰望大殿，顿觉威严之感。当年，皇帝在此处理朝政，有君临天下之感。这种台基过去称"殿陛"，分三层，每层有刻石栏杆围绕，台上列铜鼎等（图 1–2–3b）。台前石阶三列，左中右各一列，路上都有雕镂隐起的龙凤花纹，皇帝好似坐在高高的云端之上。

宗教目的使用的台称为坛。北京天坛的圜丘坛就是其中最为壮观的一座。天坛曾经是每年皇帝祭天的地方，始建于明永乐十八年（公元 1420 年）。圜丘是以白石砌筑的一座圆坛，共有三层，逐层缩小，各有栏杆环绕，四方有台阶通向坛上。而地坛为明清两代皇帝祭祀"皇地祇神"之场所。始建于明代嘉靖九年（公元 1530 年），因坛台周有方形泽渠，故称方泽坛。坛平面呈方形，以象征“天圆地方”之说。四面的门称为棂星门，坛的正门入口见图 1-2-4（a）。远望方泽坛，围墙低矮，坛上没有建筑物，从棂星门看坛台，分上下两层，没有什么装饰（图 1-2-4b）。皇帝的祭坛除了天坛都不高，也比较简单，祭祀的坛也就是一个土台。

（a）

（b）

图 1-2-3 故宫三大殿台基

（a）三层须弥座基台；（b）廊道及石阶

（a）

（b）

图 1-2-4 北京地坛——方泽坛

（a）坛的正门入口；（b）棂星门

我国民居是以木结构和生土建筑为主，最易受水的侵蚀，影响房屋的耐久性。建筑建在高台上，有防水、减潮的作用，能改善居住条件，使其经久耐用。房屋建在高台上，一般的人承担不了建造的费用，因此，高台退化成台基，作为建筑的一部分。但严格的等级制度也并不允许庶民百姓随便修建台基。在清代就规定：公侯以下，三品以上者，所居房屋的台基高二尺；四品以下和普通士、民，所居房屋的台基高一尺。而民房一进院落的修建常采用“三步一阶”定位法。所谓“三步”，是指自院外到院内为一步，到南房和东、西房为第二步，再到北房为第三步，步步增高，见图 1-2-5 的示意图。“一阶”，小的为 134mm（四寸），大的为 167mm（五寸）。可见等级制度处处有讲究。

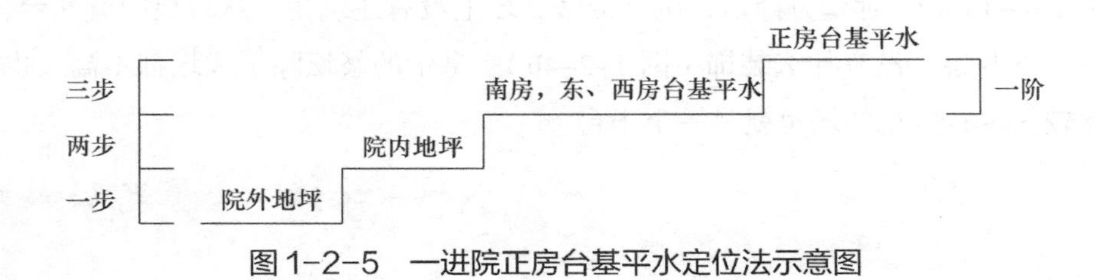

图 1-2-5 一进院正房台基平水定位法示意图

1.2.2 水坝

随着农耕定居生活的出现，人更依赖于土地而生存。为了种植农作物，开始挖沟筑渠、修筑田埂、修筑堤坝。春秋时代，淮河流域已出现了一些小型塘坝工程，都是利用土的建筑物。

我国最早有文字记载的水利工程是公元前 613 年～前 490 年（楚庄王时期），在楚相孙叔敖的倡导下，在今安徽寿县西南，利用天然地形，兴建堤堰，建成一座蓄水库，这便是后世著名的灌溉工程——安丰塘。

古代的大型水利工程洪泽湖大堤，原名高家堰。其修筑相传起始于东汉广陵太守陈登，约在公元200年（建安五年）。公元1415年（明永乐十三年）、1572 年（明隆庆六年）、1578 年（明万历六年）三次大修，确立了大坝的规模。1580 年（明万历八年），开始在土坝中段大小涧一带改建石工，嗣后续有增建。1595 年（明万历二十三年），在武家墩等处兴建三座减水闸，其后历有改建，至 1751 年（清乾隆十六年），终于建成仁义礼智信滚水坝。大堤又经 1678 年（清康熙十七年）、1700 年（清康熙三十九年）、1730 年（清雍正八年）三次大修，临湖堤段基本上都是用条石砌筑，形成了世界闻名、长达百里的洪泽湖大堤。其中，土堤面宽 50m，边坡 1 ∶ 2.5，底宽 75m，高约 10m。这一工程说明了如下问题：① 人与水患作斗争是一个长期的坚持不懈的过程；② 随着社会的进步，工程的功能不断地完善；③ 这个工程是一部生动的治水、改善环境的教科书。

现在洪泽湖大堤已成为大运河国家文化公园的一部分。图 1-2-6（a）是公园大堤区域修建的亭廊楼阁式建筑。图 1-2-6（b）是洪泽湖大堤核心展示园的古堰梅堤。虽然土坝已在湖水之下，但其上的石工依旧大气浩然，一直伸向天边，“极目楚天舒”。洪泽湖大堤现状的两张照片是东南大学敬登虎付教授 2022 年 7 月暑期实地考察拍摄的。他现在也在做生土建筑方面的研究工作。

（a）

（b）

图1-2-6 洪泽湖大堤现状

（a）文化公园建筑；（b）古堰梅堤外貌

在顾淦臣、陈明致所著《土坝设计》一书中，介绍了一座美国土石坝的建造施工方法，表现了水利工程师的智慧。该坝采用了各种粒径的土料，黏土、砂、砾石和块石。坝心墙为黏土，坝体两侧为细砂及泥砂。在填筑时加水，使接近饱和，每层铺筑厚度小于300mm，用推土机碾压，将砂的孔隙比压实至0.6，接近临界孔隙比。在坝坡上加压块石等以增大坝面荷重，保持坝体的稳定，见图1–2–7[1]。该坝根据各种土的不同性能，将其用在不同的部位，发挥不同的作用，值得我们学习。国内的土坝中也应有类似处理的工程，但未找到具体案例。

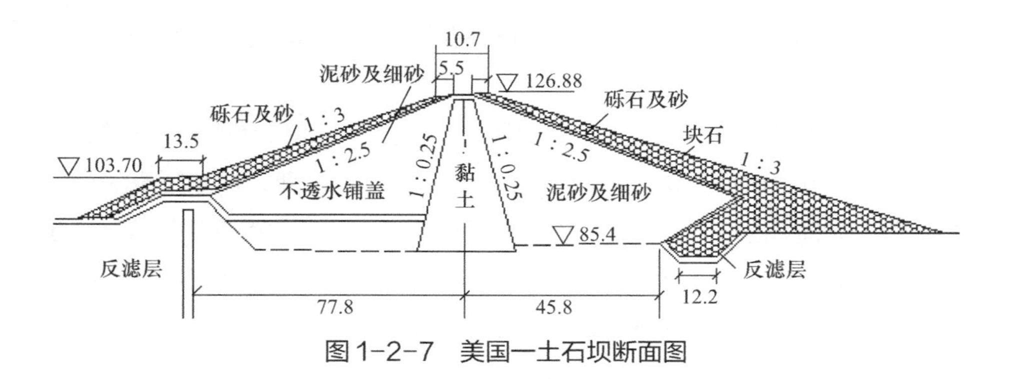

图1–2–7 美国一土石坝断面图

在《土坝设计》一书中，土坝设计对各类土的使用并不太挑剔，可想办法解决。我国20世纪50年代初建造的一座水坝，高45m，长290m，断面形式见图1–2–8。坝中央为黏性黄土；下游坡的下部为卵石和碎石，上部为粉土；上游坡为砂土和石子混合料。施工方法是分层填筑，羊角碾碾压。下游有排水管和集水井。一般认为黄土湿陷性强，修建中提前用水进行了处理，消除了修建后可能产生的隐患。

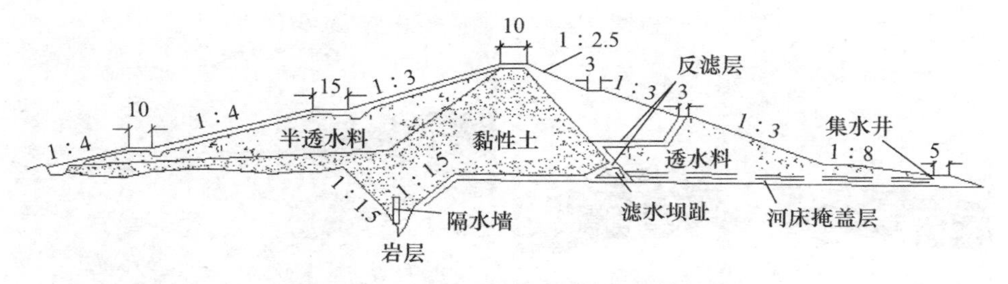

图1-2-8 水坝中的黄土使用

1.2.3 城墙

夯土技术始于原始社会晚期，在奴隶社会时期获得了巨大发展，到了春秋时期，已达成熟阶段。它集中表现在城垣工程上。

城墙是奴隶社会的产物，是为保护私人财产和领地而修建的。在山东、山西已发现或发掘夏晚期的城堡、城墙遗址多处。商代前期城墙建筑已具规模，郑州商城约为公元前1620年前后，东墙、南墙各长1700m，西墙长1870m，北墙长1690m，周长近7km。全部城墙用夯土分段版筑而成，城墙横断面呈梯形，底宽约20m，顶宽约5m，高约10m。

到春秋时期，筑城工程日益增多，其中有规模庞大的城，城墙很高，城体非常宽厚。当时城墙工程全部采用夯土、版筑的方法。图1-2-9（a）是河北易县燕下都西城墙纵截面，夯土层仍然界线分明，基本水平。虽然竖向有收缩和变形产生的裂缝，但至今整体性较好，表明当时夯土墙体施工质量好，强度高。

图1-2-9（b）的河西走廊汉长城遗址，是笔者2013年考察时拍摄的。城墙水平一道道凹槽，是风雨侵蚀的结果。历经2000年，城墙还未完全消失。从墙体的构造来看，每层土中夹有成捆的当地生长的芦苇状的植物，起到了很好的固定作用，风雨带走的是边部的夯土，留下的是植物夹着的土层，说明夯土结构处理得当还是有相当的耐久性能。当然，地区干燥也是一个有利因素。

笔者到西安唐皇城墙含光门遗址博物馆参观，看见城墙遗址断面，见图1-2-10（a）。该段城墙最早建自隋开皇年间，至今已有1400多年历史。经过考古部门2004年的考古发掘和清理，根据不同时期的结构、土质、土色，可将断层次结构分为五大时期：①隋唐期（公元581—907）；②唐末五代期（公元907—960）；③宋元期（公元960—1368）；④明清期（1368—1912）；⑤近现代期（1912至今）。见图1-2-10（b）。

从图中可以看到，原来的城墙还要更加高大，这只是残留的一部分。砖墙是后来包砖，直接靠在夯土城墙砌筑，两者间没有连接。笔者在现场进行了仔细地观察，得出相关结论。同时，2020 年西安城墙局部垮塌也证明了这一砌法。看不见城墙表面夯土的水平分层及土质的区别，应该是离得远的缘故。

城墙采用黄土夯筑。图 1–2–10（b）中五大时期的修筑部位是以隋唐墙体为核心区，向两侧和上部补筑。夯土修建的时期分划线是曲线，估计是与墙体外表风化和损伤不能满足使用要求，以及表面施工处理要求有关。

（a）

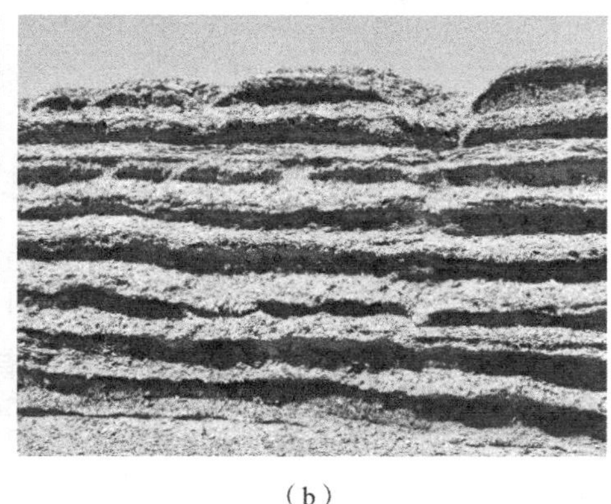

（b）

图 1–2–9　夯土城墙遗存状况

（a）河北易县燕下都墙体夯层；（b）河西走廊汉长城遗址

（a）

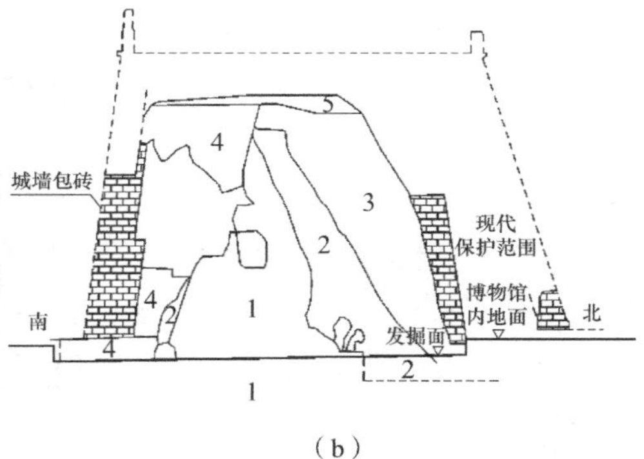

（b）

图 1–2–10　西安唐皇城墙含光门城墙

（a）城墙剖面情况；（b）修筑分期图

1.2.4 殷墟封土

古代帝王将相的墓室都埋得很深。因此上面要用夯土进行封闭处理，以保护墓室的安全。一般夯土建筑或构筑物都在地面以上，而墓室的夯土是在地面以下，由于是为当权者使用，因此材料用得精细，修筑质量也很高，这是它的特点。虽然封建社会历经数千年，帝王将相的墓室结构复杂，体量较一般民居建筑大很多，但完整保存且已挖掘出来的却不多。笔者参观的殷墟M260号墓距今已有3000多年，并且出土了国之重器——司母戊大鼎，因此值得介绍。

司母戊大鼎出土于1939年春，鼎高133cm、长111cm、宽78cm，重975kg，是我国出土的最大的古代青铜器，见图1-2-11（a）。大鼎庄重雄浑，纹饰细腻，整个鼎体以雷纹为地，饰以夔龙纹。鼎耳作猛虎吞噬状，两侧为鱼纹、小夔龙纹，鼎足铸有兽面纹。通体纹饰华丽、繁缛神秘。鼎腹内壁有“司母戊”三字铭文，据考证，大鼎可能是商王文丁祭祀其母亲“戊”所作的彝器。

M260号墓呈“甲”字形，墓道在墓室南部。从墓道上部斜坡进入，坡道前部的土台上，有集中在一起的22个人头骨，到墓室入口处放置的是司母戊大鼎，显示墓主人的尊贵，见图1-2-11（b）。

墓室为一长方形竖穴坑。墓室底有一腰坑，内有一人一大玉戈，左侧是坡道进口，见图1-2-11（c）。墓室四周的封土色泽比上部的深，夯筑分层印迹明显，估计加入了有利于保护墓室的其他材料。

墓道和墓穴坑的夯土色泽都很均匀，不论挖开后表面是否进行过防护，表面夯土的匀质性很好。图1-2-11（d）是墓室入口处，三面夯土细部。每一面墙上都可看见竖直的、不连续的、较均匀的、细的土的收缩裂纹。从裂缝的外观形态和环境分析，虽然已有3000多年时间，夯土层并没有受到损坏。

（a）

（b）

图1-2-11 司母戊大鼎及墓室（一）

（a）司母戊大鼎；（b）进入墓室的坡道

（c）

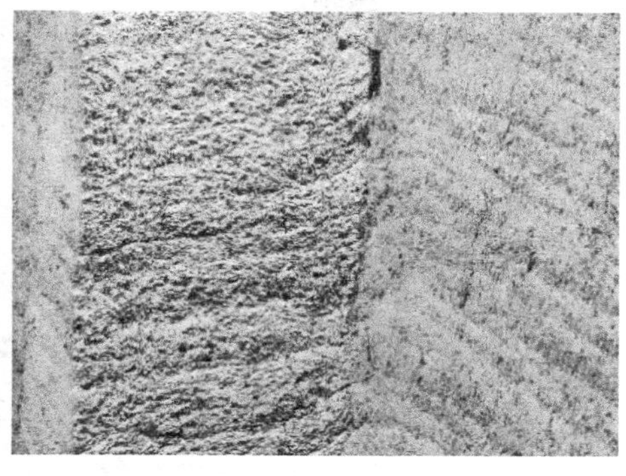

（d）

图1-2-11 司母戊大鼎及墓室（二）

（c）竖穴墓坑及墓室；（d）墓室入口夯土细部

1.3 土坯建筑

1.3.1 土坯砖和墙

土坯的出现是在原始社会。当时处理地面用夯实打平的方法，并且出现垛泥墙和夯筑土墙。由于打土墙不够灵活，所以人们就开始把土制成小块土坯，施工可以运用自如。西周时期，已经运用了长47cm、宽17cm、厚7.5cm的大块土坯（据周原遗址发掘资料）。不过那时只将土坯运用在砌筑台阶和整齐的边线部位。

土坯由于就地取材、操作简单、使用方便，自出现以来，随着社会的发展，广泛应用于宫殿、庙宇、房屋建筑，以及屋内的火炕、搁物土台、火炉烟囱等生活设施。制作土坯的方法有以下四种：

第一种是水制坯。制坯场地选取在低洼的平地，土质适宜的地方。先将场地放水引平，当这部分水蒸发后，泥土处于半干状态时即切成坯块，取出晾晒。

第二种是椁子坯。这是在湿润的大草甸子上进行取坯的一种方法。在选取场地时，找有长草根的平地，一般在草甸子找出平地。当草甸子半干时，可直接取坯块，晾晒成坯。这种坯内夹杂许多草根，起到固结作用，使土坯坚固耐久。这种土坯堆砌成墙体，属于草泥垛墙的一种类型。

第三种是手模坯。先在场地选一块平地，将坯模平放，把泥土装满模中，再用手刮泥土，使之与坯模高度相等，过一段时间再将木模提出，晾干使用。也有不用模具的做法，把制坯的料拌和得较干，直接做成大的方形、矩形或长条形，然后切割成需用的土坯尺寸，晾干使用。

第四种是杵打坯。杵打坯是先在场地设置具有平面的石块，将坯模放在石面上，装土后用石杵捣固，再打开木模取出，晾干使用。人们称之为土墼。在土窑烧砖的年代，烧结砖也是采用这种方法成型。

这四种方法中，前两种是天然取坯，受自然条件的制约。后两种是人工制坯，可以在制作中掺加其他材料改善土坯性能。

为了改善土坯的性能，减少收缩和表面裂纹，增加土坯的抗拉、抗剪、抗弯等能力，在土坯制作时加筋，可以加放牛草、稻草、竹筋以及礓石颗粒等材料。土坯制作一般常用的有木模、铁锹、木杵、石板、石踩子等工具，见图 1–3–1（a）。2013 年 8 月，笔者到嘉峪关旅游，遇到“嘉峪关长城保护维修工程”正在施工。在工程简介栏中，介绍了土坯制作的施工工艺，见图 1–3–1（b）。具体的制作步骤分为：浸土、闷土、筛土、支模、填土、砸边、踩实、夯实、净面、补砸、脱模、码放、晾晒。

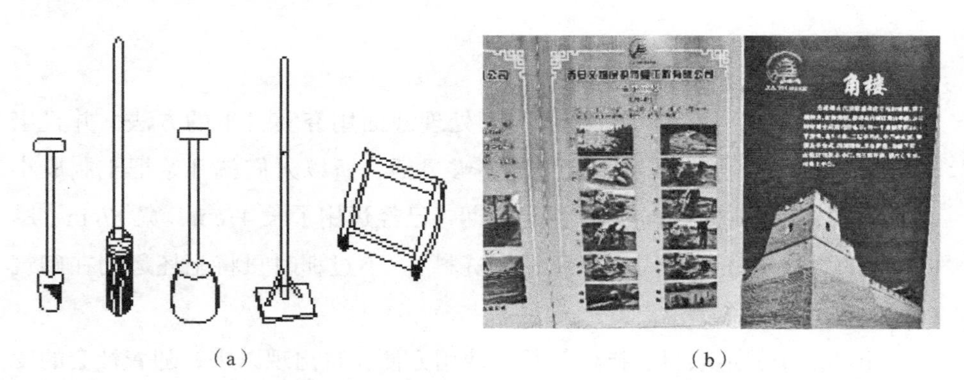

（a）（b）

图 1–3–1 土坯制作工具及工艺

（a）土坯制作工具；（b）土坯制作步骤

在我国民间土坯砌墙常采用的五种砌法如下：

第一种，全用土坯。在一墙之内，里外上下全部用土坯。

第二种，空心墙。用土坯砌筑，在墙之内形成空心。

第三种，半土坯墙。在一堵墙上，上半部全是土坯，下半部全是夯土墙，叫做“金镶玉”。

第四种，土坯与砖混合墙。在土坯墙上部分用砖包边，或者是砖包皮，中间为土坯。

第五种，填心砌法。在一堵土坯墙内，上下四面都是砖壁，只有土坯填心，叫做填充壁。

土坯砖常用砌法的五种墙体形式如下：

图 1–3–2（a）是福建的一幢全采用土坯砌筑的房屋。该建筑主体下部是烧结砖空斗墙，显然是为了保护墙体不受水的侵蚀，又希望节省材料。一侧的单坡屋顶房屋应是附属建筑，砌筑要随意得多。

图 1–3–2（b）是河北地区的土坯空心墙房屋，下部抹灰已脱落，变形较显著。

图 1–3–2（c）是四川的一幢金镶玉砌法房屋。在一堵墙上，上半部全是土坯，下半部全是夯土墙。该建筑下半部夯土显得整体牢靠，上半部采用土坯施工更灵活方便。现已加了钢棚，进行了保护。

图 1–3–2（d）是东北地区土坯房，承重墙是土坯，山墙部位是大辫子泥巴墙。与“金镶玉砌法”正相反。

图 1–3–2（e）是土坯与砖混砌墙体的一种方法。砖主要用在墙体底部、门框下部、窗台和墙体顶部，对土坯墙体有保护作用。

图 1–3–2（f）是一面填充壁墙体。填充壁与填充墙相比较，前者带有装饰作用，后者是自承重，起围护作用。

（a）

（b）

（c）

（d）

图 1–3–2 土坯墙体常见砌法（一）

（a）全用土坯砌筑；（b）土坯空心墙；

（c）金镶玉砌法；（d）土坯大辫子山墙

（e）

（f）

图 1-3-2　土坯墙体常见砌法（二）

（e）土坯与砖混砌；（f）填充壁砌法

1.3.2　建筑遗存

从出土实物证明，一万五千年前在埃及的尼罗河流域就出现了土坯砖。在西亚也于一万年前出现土坯砖。

掺有稻草并经太阳晒干的土砖最早出现在美索不达米亚。美索不达米亚所处的两河流域缺少石料，最主要的建筑材料是芦苇和黏土。

阿富汗在绿洲地区遗存最多的便是伊斯兰传统的“土坯子”建筑，这种建筑很多都已经风化荒废成土丘，被当地人称为“TEPE”，即丘地的意思。这些遗址与阿富汗的古代文明存在着密切联系，成为考古学家重点发掘的对象。土坯受水长期侵蚀分解成土回到自然界中去了。

据说埃及的马斯塔巴就是用晒干的砖做成阶梯形结构，将其覆盖在地下的墓室上，搭建而成的一种竖井式的地下墓室。由此形成了像美索不达米亚金字形神塔那样的阶梯状金字塔，进而演变成后来的金字塔。

我国目前发现的最早的土坯砖建筑为湖北应城的门板湾遗址，已有五千五百年历史。

高昌故城始建于公元前 1 世纪，为西汉王朝在车师前国境内的屯田部队所建。城建于公元 327 年，因距火焰山很近，史称“火州”。9 世纪中晚期，回鹘人入居高昌，建立了高昌回鹘汗国。1383 年，政治、经济、文化中心转移到了今吐鲁番一带，因此城市逐渐被废弃。现存的城墙、佛塔、寺院应是汉唐时代的建筑。一般建筑至少也有七八百年的历史。笔者 2002 年 8 月到新疆开会，到高昌故城参观。图 1-3-3 能清楚地看出遗存的建筑基本都是用土坯砌筑的，尤其是用土坯砌筑的拱保留至今。这与高昌故城位于火焰山前的开阔平原地带，海拔高度 -40m，气候炎热、干燥有关。

（a）

（b）

图 1-3-3 高昌故城土坯建筑遗址

（a）土坯砌的墙体断垣；（b）保存完好的土坯拱

伊朗中部的梅博德还有一座巨大的用黄土砖结构建造的城堡，距今至少有 1800 年的历史。可追溯到萨珊时期，相当于中国三国时期的建筑，是伊朗现存最古老的土砖结构建筑。整座城堡上下多达 5 层，还有多座堡垒，见图 1-3-4（a）。图 1-3-4（b）是城堡的一个碉楼，与碉楼旁站立的人对比，可以看出两者的比例关系。碉楼是由泥土和干草混合晒干作为原材料制作成的泥土砖砌筑而成，泥土砖规格约为（长）220mm×（宽）105mm×（厚）48mm，比我国烧结标准砖的尺寸稍小（240mm×115mm×53mm）。碉楼下口直径约 4.8m，上口直径约 3.7m，现存高约 6.2m。碉楼墙体表面用土坯砌筑成这样精美的花式，在生土建筑中实属少见。从墙体花式的风格一眼就能分辨出是伊斯兰式建筑，能长时间保留下来，与当地干燥、少雨的气候有关。

（a）

（b）

图 1-3-4 伊朗梅博德城堡

（a）古城堡外貌；（b）碉楼和游人

1.3.3 民居建筑

“据传，新疆喀什高崖早在两千多年前就已存在。史料记载，数百年前曾发过一次洪水，把高崖地带冲出一个大缺口，从此南北分成各自独立的两个高坡。公元9世纪中期喀喇汗王朝时，就把王宫建在这个高崖北坡上。南崖是现在的高台民居，高约40m，长800多m。高台民居的维吾尔地名为‘阔孜其亚贝希’，意为高崖土陶，因土崖时代这里居住的多是生产土陶的手工艺人，当地人习惯挖坑取土，挖出的土加入少量石灰，制成土坯或泥砖修筑墙体。随着代代繁衍、生息，仅有院落内再无地方扩展修房，于是向高空延伸。世居的维吾尔人就在原来住房上加建一层，甚至二层，从此在民居中就有了高台“土楼房”，有时上、下甚至达到七层。”（李群，安达甄，梁梅. 新疆生土民居. 北京：中国建筑工业出版社，2014.）图1-3-5是笔者收集到的2011年新疆喀什的高台民居。

图1-3-5 新疆喀什的高台民居

笔者2019年到约旦首都安曼南部的安曼要塞上。该要塞坐落于安曼的高山之上，它是安曼最为古老并为世人所知的遗址之一。考古挖掘发现，该要塞被作为定居地和前哨城堡的历史可追溯至美索不达米亚文明兴起之时。山下居民区密集的房屋，绝大多数是生土建筑，见图1-3-6（a）。房屋层数一般没有超过四层，体量小，从房屋的外形分析，为独门独户，见图1-3-6（b）。

在也门，处于鲁卜哈利沙漠数道季节河交汇地的希巴姆古城，工匠用黏土和椰枣树的根茎制作土坯泥砖，修建出二三十米高楼。如今古城内还耸立着500余座5～10层的土坯房屋。这些建筑大部分是16世纪时建造的。人们在一、二层饲养牲畜，储存粮食，不辟窗户，居住则多在三层以上。

(a)

(b)

图 1-3-6 约旦安曼南部的生土建筑群
(a)建筑群远景；(b)建筑群近景

伊朗中部的梅博德是一座小城，地处沙漠边缘地带，为了抵御长期高温干燥的恶劣气候环境，借助地表以下土壤隔热保温的优良性能，当地大部分人家将房屋建于半地下，大户人家的地下房屋甚至有三到四层。在那种环境中，树木稀少，建筑屋顶多采用土坯建造筒形拱券或穹隆，因此房屋外露地面不高，多为隆起的圆弧形，见图 1-3-7（a）。居民房屋之间，筒拱连接半地下的小巷、岔道形成了洞穴式空间构造。"捕风塔"，见图 1-3-7（b），高高地伸出地面，利用室内外气压强落差而促成冷暖空气对流，满足人对大气的需求。地下以坎儿井、冰箱式的储水池和地下水网等措施，对室内环境产生降温和空气湿度的调节作用，而珍贵的水又不会大量白白地蒸发散失。梅博德还有一处很著名的冰库，让水结冰放入圆形仓库，以供饮用，充分体现了古代波斯人的聪明之处。

(a)

(b)

图 1-3-7 伊朗梅博德城街景
(a)圆弧泥土色外观；(b)屋顶捕风塔

1.3.4 土坯建筑的艺术

土坯虽然是简单的块体，但在房屋建筑中同样可以表现出它的艺术性。

图 1-3-8（a）中的土坯既可看作是对墙体的装饰，也可看作是在门窗、墙体下部受到砖的保护，墙面形成块体拼装图案。木窗棂的格式变化，丰富了墙面，使人能感受到这是一个小康之家。

图 1-3-8（b）是土坯填充壁硬山墙体。该墙下碱是勾有元宝缝的料石砌体，山墙三边和墙体中部开的窗洞是用青砖砌筑，剩余的部分填以土坯。三种不同的材质，三种不同的色调和墙体造型，屋脊泥塑高高翘首，暗喻院内是一户富贵人家。

（a）

（b）

图 1-3-8 墙面的装饰

（a）土坯、砖、木墙体；（b）土坯填充壁墙体

“一颗印”是云南地区典型的民居建筑，属于汉文化和少数民族文化融合发展的产物，被称为中国五大传统民居类型之一。“一颗印”无固定朝向，依山就势，趋于自然，不像北方的四合院一样坐北朝南。

“一颗印”除了易于识别、方正如印的形态特征外，更在于其建筑内部空间处理的巧妙。“一颗印”建筑布局方整封闭，中轴对称，半敞开厅堂连接狭窄天井，多为二层楼设置。由正房、厢房、入口门墙组成四合院，瓦顶、土墙、平面和外观呈方形。屋顶双坡外窄内宽，有利于收集雨水，采集阳光，在风水上称之为“聚财”，充分显示了建造者的理念和智慧。图 1-3-9（a）是刘致平先生所著《云南一颗印》一书中的孟宅正立面图。

图 1-3-9（b）是胡孔安工程师提供的《63 号民居修缮工程勘察设计》报告及 3D 扫描照片，两者外貌极其相像。昆明小窑村 63 号民居建于清末，

已有一百多年的历史，属于第三次全国文物普查登记文物。建筑主体是因地制宜改变过的一个印式民居，户主称之为“明三间暗四间”，两侧山墙外有后加的附房，总占地面积 398m^2。土坯房外墙厚 480mm，原称土墼墙（利用太阳晒干后的土砖，大小丁走砌筑），土墼尺寸为 90mm×165mm×300mm。砌墙时一般将土墼立摆，左右侧面不用泥巴，仅在上下面用泥巴填缝。墙面草筋灰（土＋草筋＋石灰），厚 15mm，白灰罩面，抹灰大部分剥落。由于有抹灰层的保护，墙体土坯砖的损坏并不严重。

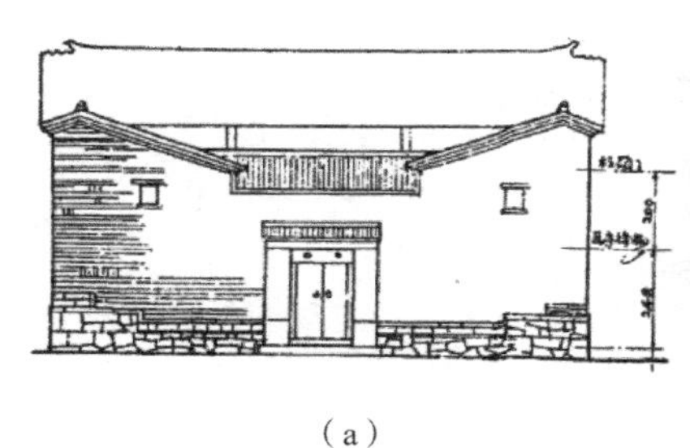

（a）

（b）

图 1-3-9 云南一颗印建筑

（a）刘致平先生图；（b）昆明小窑村 63 号民居 3D 扫描彩色图

西非马里的杰内古城 1987 年被联合国教科文组织列入《世界文化遗产名录》。杰内古城的大清真寺是世界上最大的单体黏土建筑。现存的杰内大清真寺除了祈祷室为 13 世纪所建外，其余部分均为 1907 年重建。杰内古城的大清真寺在建造时，采用棕榈树枝为骨架，与黏土泥结合的结构方式。该寺占地面积 6375m^2，建筑面积 3025m^2，最高处有 20m。它完美地体现出撒哈拉建筑艺术风格，也是非洲著名的地标建筑之一，见图 1-3-10（a）。杰内属于热带草原气候，每年 6～9 月都要受到雨水侵袭，建筑外表都会受到不同程度的损害。所以，每年雨季过后，虔诚的杰内人都会自发地来为大清真寺的外表抹上一层泥浆做保护。

美国西部新墨西哥州的陶斯镇，它以印第安人土著部落纯正的传统文化遗存而著名，是美国西部最古老、土著部落文化样态保护最为完整的聚落，见图 1-3-10（b）。印第安人的这种集合式住宅，由前向后逐层垒高和推进，从而形成一层层高低起伏、相互转换的平台，生土建筑错落融入山地起伏之中。现存最早的房屋约建于 14 世纪中期前后。

（a）（b）

图1-3-10 世界著名的生土建筑

（a）马里杰内大清真寺；（b）印第安人的集合式住宅

1.4 黄土窑洞

1.4.1 窑洞的土质

地质考古发现证明，黄土高原经历过2200万年漫长的沉积历史。每年冬季的西北风都要夹裹着粉尘向东南方向吹，到了我国甘肃、陕西、山西、河南一带，这些粉尘逐渐降落，天长日久，沉积的粉尘越来越多，就形成了黄土高原。所以，人们称黄土高原是“吹出来的高原”。

黄土高原的主要形成和发育期大约是在第四纪冰川期260万年以后的风成沉积。按照其地质生成的历史年代，可大致分为古黄土、老黄土、马兰黄土和新生黄土四种土层。在这四种黄土层中，马兰黄土和新生黄土层的土体孔状结构发育良好，并聚集着大量的碳酸钙，在其结构形态上多为丰富多变的钙质结合层，具有较强的抗压、抗剪的物理特性，是适合开挖窑洞的最佳土层。

现在我们都知道，黄土窑洞是技术难度低、造价低廉、保温隔热、适宜人居的建筑。为了能更好地理解黄土为什么能直接挖洞居住的原因，笔者引述苏联学者阿别列夫对黄土的定义：

1）以粉土颗粒为主要成分，主要颜色为黄色。

2）有肉眼可见到的大孔构造及垂直的小管，孔隙率较高。

3）有腐殖根的遗迹，并含有碳酸钙成分，遇盐酸则起泡，含有钙质结核。

4）在天然剖面上，常形成垂直节理。

凡是具有上述全部特征的土，则称之为黄土。这就说明了黄土挖洞而不垮，具有与其他土不同的土质特性。

我们的祖先最初并不知道黄土可以直接水平开挖成洞而不垮塌。2004年，考古工作者在陕北的吴堡县相继发现了两座原始社会龙山文化时期的石头城，其中有窑洞式房址近70座。古人在黄土层为壁体的土穴上，用木架和草泥建造简单的穴居和浅穴居，并逐渐形成聚落。陕北窑洞发展到周代还是半地穴式，到秦汉后发展为全地穴式，就是现在的土窑。在山西河津市修村，有一处唐初名将薛仁贵与夫人柳银环寒微时住过的2孔独立窑洞，距今1400余年。明朝中叶，开始用石块做窑面墙。清末民初，当地人仿土窑模式建起了石砌窑洞。由此可见，窑洞的发展利用经历了一个漫长的探索认识过程。

图1–4–1（a）是笔者随西安建筑科技大学王庆霖教授、董振平教授到旬邑考察砌体结构建筑时，见到的废弃的窑洞群。最近的两个窑洞，大的估计高4m多，宽约3m。从周边环境分析，这一窑洞群修建至少已有100年时间，虽然早已人去窑空，门窗已经拆除，没有任何维护，它们却依然站立不垮。这些窑洞的弧线使洞体形成了拱券结构，将窑洞上覆土体的重量传递至底部，使其拱券上的拉应力水平很低，保证了窑洞结构的稳定性。阶梯形的窑洞外壁立面，证明了黄土"立壁不倒"的优良特性。图1–4–1（b）是废弃的阶梯式窑洞群全貌，周边的环境告诉我们，它们将要回归到大自然中去。

（a）

（b）

图1–4–1　废弃的窑洞群

（a）纯土拱的架立；（b）等待回归自然

窑洞基本形式：按照建筑环境，可分为靠崖式、下沉式和独立式；按建造的方法，分为挖土式和箍窑式。靠崖式和下沉式一般采用挖土形成"拱形"空间洞体的窑洞。独立式一般采用箍窑式成洞，拱券用土坯、砖或石成型，上面覆以黄土。这些基本形式，根据使用需要与其他建筑结构形式组合，使窑洞有不少改进和发展，如所谓的接口窑就是在黄土窑洞外接砖石拱洞。

1.4.2 靠崖式窑洞

靠崖式窑洞是在合适的山崖或者沟壑处，沿崖边竖直向下挖出一个 10m 深的平台作为施工的场地，再横向向山体内挖凿成“拱形”洞。一般洞高 3m 多，宽 3～4m，进深根据需要而定。窑洞挖掘成型后静置一段时间，待晾干后上窑泥（即“抹灰”），一般 2～3 层，找平、压光。然后修建洞口窑脸和窑腿，防止雨水侵蚀窑洞土体。最后扎窑隔、安装门窗及其他设施，一个窑洞就这样建成了。民间为回避“四六不成材”的俗语，通常由 3 孔、5 孔等单数窑洞联排，形成一个单排式院落。

《民间住宅建筑 圆楼窑洞四合院》(中国建筑工业出版社. 北京：中国建筑工业出版社，2003.）一书中说到，窑洞平面形式多为王字形、H 形、L 形、十字形和一字形五种形式。图 1-4-2 是河南巩县窑洞住宅平面、剖面图。从图中可见，建筑因地制宜，充分利用土的性能，有层次，有进深，内外功能布置合理，是优良的民居建筑。

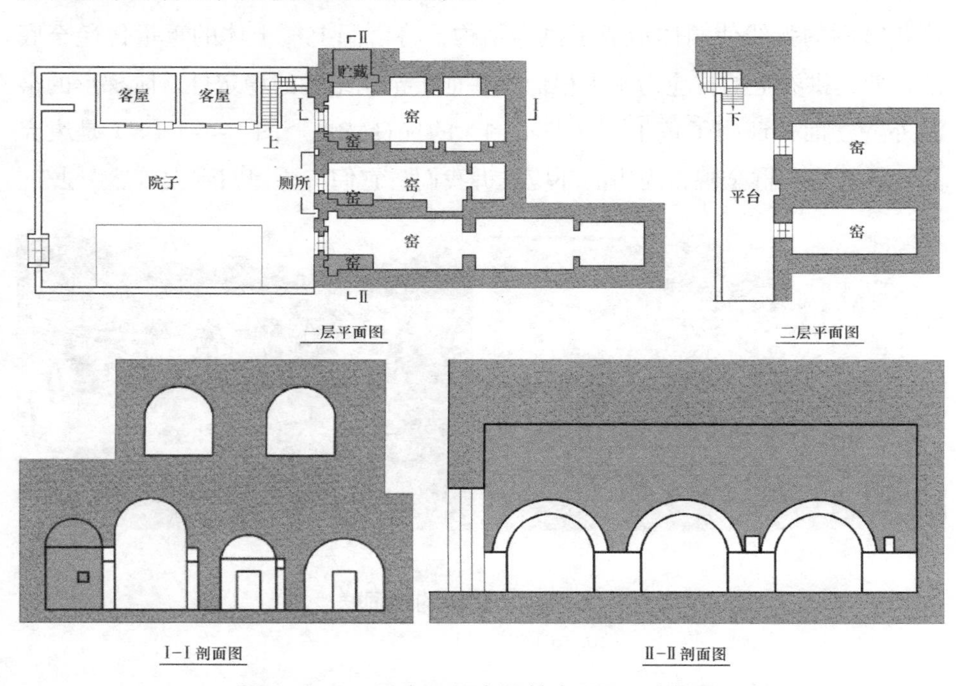

图 1-4-2 河南巩县窑洞住宅平面、剖面图

接口窑就是在黄土窑洞外接了一圈砖石拱洞，使外观显得更加美观。笔者在延安宝塔山公园入口不远的地方，看见正在修接口窑，用照片记录下了修建的过程。图 1-4-3（a）下部窑墙已经建好，接洞外的砖拱券也已完成。右侧洞口正在搭拱形架，准备砌砖拱。图 1-4-3（b）是建筑的砖拱洞和紧

靠上部边坡的情况。图 1–4–3（c）是修建好的窑内情况。外部是红砖拱洞，里面是土窑洞。图 1–4–3（d）近处是修好的一排窑洞，立面是青砖窑面，檐口为压花砖叠涩线条，顶部是空花女儿墙，比一般土窑洞外立面美观。远处是那个在建的窑洞。

（a）　（b）

（c）　（d）

图 1–4–3　施工中的接口窑洞

（a）正在建窑口；（b）窑口洞边坡；
（c）已建窑内情况；（d）修好与在建比较

靠崖窑窑顶不宜过薄，窑脸应做加衬防坍塌。结构平面设计时，应尽量使承重系统各节点受力合理，均匀，外形匀称、规则，空间尽量大小一致，不随意设置错层或加层建筑，内墙开洞等都尽量避免，不合要求的部位应采取可靠措施，以防产生局部性突变。

笔者到壶口瀑布去，在离黄河不远的靠崖式窑洞旅社休息、吃饭。图 1–4–4（a）是联排窑洞旅社的外观。窑洞内平面形式比较简单，一般为矩形。图 1–4–4（b）是饭厅兼住宿的洞内情况。窑洞内空间比较小，住宿与吃饭合二为一，其乐融融。

中国历史文化名村李家山村位于山西省临县碛口镇黄河岸边向南五公里，四面环山，西眺黄河。李家山像一只展翅的凤凰，村北凤凰山为“凤首"，中间向南突出部分为"凤身"，"凤身"两侧两道沟为"两翼"，整个村落分布在"凤身"和"两翼"地带。从山底到山顶，依 70° 山势层叠建造的院落，呈阶梯式分布，最多叠置 11 层，层次分明，错落有致。最著名的是西财主李德峰宅院群和东财主李登祥窑院群，山村整体外貌见图 1-4-5。

（a）

（b）

图 1-4-4　靠崖式窑洞旅社

（a）联排窑洞；（b）饭厅兼住宿

图 1-4-5　李家山村地貌及生土建筑

1.4.3　下沉式窑洞

下沉式窑洞，又称地坑院，就是在地下挖窑洞，主要分布在黄土塬区——没有山坡、沟壁可利用的地区。这种窑洞的做法是，先就地挖下一个 8m 左右深的矩形坑，然后再向四壁开凿窑洞，形成一个四合院的形式，一户一院，院子周边环境情况见图 1-4-6（a）。窑洞的挖掘修建与靠崖式窑洞大同小异，主要是院落的防水、排水有一套措施。

地坑院具有坚固耐用、冬暖夏凉、挡风隔声的特点。冬季窑内温度在

10℃以上，夏天保持在 20℃左右，人们称它是“天然空调，恒温住宅”。因家家户户都居住生活在地面以下，进入村内，只闻人言笑语，鸡鸣犬吠，却不见村舍房屋，见图 1-4-6（b）。“进村不见人，见树不见村”就是它的真实写照。

地坑院落上部修有矮墙，大多数人家会在院中栽种一棵树，树冠冒出地面，人在平地，能看见地院树梢，不见房屋。从环境建筑学的观点来看，这种地坑式窑洞建筑是完美的不破坏自然的文明建筑，见图 1-4-7（a）。

以前北方的冬天采用火炕取暖，其暖炕的示意图见图 1-4-7（b）。这种取暖方式，笔者在 1967 年 1 月初，从延安经延川东渡黄河去北京的路上，到晋南农家睡的就是这种炕。生火时，满屋是烟，很呛人。晚上，15 人睡一炕，靠灶的说烫得很，靠烟囱一边的说冷得很，我还好靠近中间，现在回想起来还很有趣。

（a）

（b）

图 1-4-6 地坑院形式及聚落

（a）地坑院形式；（b）地坑院聚落

（a）

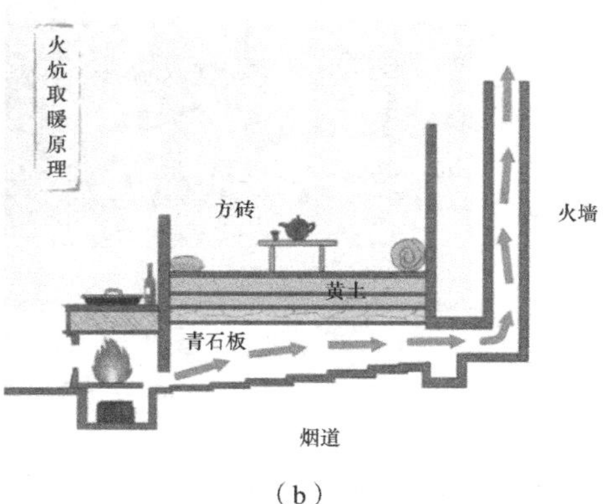

（b）

图 1-4-7 下沉式窑洞及取暖

（a）庭院内景；（b）火炕取暖示意图

1.4.4 独立式窑洞

独立式窑洞，又称箍窑，是一种掩土的拱形房屋，有土墼土坯拱窑洞，也有砖拱石拱窑洞。这种窑洞无需靠山依崖，能自身独立，又不失窑洞的优点。这种窑洞的做法是：工匠在背墙上画一弧线，这一弧线决定了窑的高低、宽窄。然后用黄土拍出实心的拱模，俗称“拍券”。接着就进入“箍窑”的状态，将砖靠着拱模一层一层地摆放上去。当窑洞拱形门正中最后一块砖放上去，箍窑就结束了。而后灌浆稳定砖拱结构，接下来就要脱模，在当地叫做“担窑券”，也就是将黄土实心的拱模，掏出来再担上窑顶，成为“窑背土”。窑背土一般高1～2m，这样的厚度恰好给拱洞形成压力，令其越压越结实，又不至于超载而坍塌，同时又可以冬暖夏凉。在北方有些地方亦称为“阿以旺”式筒拱建筑。在这里我们也不难发现，窑洞与土坯建筑的界限已分不清了。

独立式窑洞建筑在陕北很多。笔者到延安枣园参观，看见彭德怀、刘少奇旧居就属于这种独立式窑洞，见图1–4–8（a），外伸斜屋檐与女儿墙相连，像一顶毡帽，建筑外观庄重大方。屋顶为平屋顶，用木梁悬挑保护墙体不受雨水浸湿，屋面向后倾斜统一排水，冬天室内取暖的烟囱排成一排伸出屋面，见图1–4–8（b）。房屋拱和平屋顶之间填的是土，显然是起保温隔热的作用。一些寒冷地区的建筑直接把土铺在屋顶上，做成平屋顶，下部就可以不采用拱结构了，如藏族民居。

（a）

（b）

图1–4–8 枣园独立式窑洞

（a）建筑外立面；（b）建筑屋面

独立式窑洞可为单层，也可建成楼。若上层也是箍窑即称“窑上窑”；若上层是木结构房屋则称“窑上房”。笔者到山西乔家大院参观，图1–4–9（a）是“窑上窑”楼型，图1–4–9（b）是“窑上房”楼型。

（a）

（b）

图1-4-9　乔家大院的楼阁

（a）“窑上窑”楼；（b）“窑上房”楼

2 土墙房屋设计及验算

2.1 土墙房屋的结构形式

土墙房屋是由木构架和生土墙体组成，因此也可称为土木结构房屋。按土墙房屋的受力形式可分为：土墙承重房屋、土墙自承重房屋、土墙木框架组合承重房屋三种形式。土墙可以是夯土墙、土坯墙和夯土土坯混合墙体。

2.1.1 土墙承重

土墙承重房屋是由土墙、木楼层、屋盖组成的，土墙承受木楼层、屋盖和墙体的重量。土墙承重房屋俗称抬梁式结构，但墙体除了可以采用生土墙，也可采用砖墙或石砌体墙。土墙自承重房屋平面形式比较简单，房间分隔多数为矩形，农舍一般为一二层高，也有四五层高的。墙体上搁置木梁，作为楼面或屋面，屋盖可以是木屋架，或与木梁混合使用，屋面为小青瓦坡屋面。

图2–1–1（a）是典型的生土墙体自承重房屋村落，这种建筑群朴素、体量不大、不高，位于小河边，掩映在林中，与自然环境非常协调。图2–1–1（b）是藏居平屋顶夯土房屋和围墙。藏式平屋顶房屋比小青瓦屋面更能经受高寒地区的风吹雨打，保温效果更好，也可作为晒坝使用。

（a）

（b）

图2–1–1 土墙自承重房屋建筑

（a）生土房屋村落；（b）藏居平屋顶房屋

我国1960年在黑龙江省人烟稀少的地方发现了石油。为迅速解决国家石油短缺的状况，从全国各地调集了大量的人力物资到这里会战，这个地方就是现在的大庆市。

为解决职工及家属住宿和生产的矛盾，提出了“先生产，后生活”的口号。广大职工不怕艰辛，就地取材，土法上马，发明了在两块固定的木板中间填入黏土，应用干打垒方法筑墙，迅速建造出了一批简易的房屋，以解决生活问题，俗称：干打垒。这就是后来成为大庆六个传家宝之一的“干打垒”精神。

红旗村干打垒群位于大庆市龙凤区龙凤镇，是大庆石油会战艰苦创业“干打垒”精神的发祥地。现在，干打垒群本体及所占面积11000m^{2}均为重点保护区。2007年6月被批准为大庆市文物保护单位。2014年11月被批准为黑龙江省文物保护单位。

图2-1-2是大庆红旗村干打垒群外景和单体囤项建筑外形。

（a）

（b）

图2-1-2 大庆红旗村干打垒

（a）干打垒群外景；（b）单体囤项建筑外形

碉堡是战争时一种有效的防御建筑，但空间狭小。将其层层垒高，就成了碉楼。碉楼不但能容纳更多的人和物质，登高望远，也能居高临下，有更好的防卫效果。碉楼可以用土、砖、石、木建造。木制碉楼容易被火攻，砖造碉楼价格高，石材做碉楼虽然好，但开采、运输修建困难，因此在农村采用生土墙体承重修建碉楼比较普遍，主要是用于遇盗匪时的短时间防卫，一般不会遇到火炮攻击。

碉楼在失去了保护功能作用的时候，由于它高，可以给庭院增添亮点。图2-1-3（a）是一座庄园，庭院正厅为土墙承重，两侧回廊为土墙石柱木楼盖组合结构，远处是一幢生土碉楼。从建筑平面布置就可以体会到，这是一幢很大的庄园。碉楼高38m，地上5层，每层木地板上均贴有黏土，既能防火隔离，又有隔声的功能。整栋碉楼墙体是加入竹筋等材料经多次夯实而成，是目前我国发现的最高的纯夯土墙体碉楼。图2-1-3（b）是碉楼近景。现在修葺一新，碉楼作为一处景点，丰富了庄园的天际线。

（a）

（b）

图2-1-3 生土建筑庄园和碉楼

（a）正厅与回廊；（b）38m高的碉楼

图2-1-4（a）是木梁直接搁置在墙上，传递小青瓦屋面的荷载。墙上的字有一部分因后来粉刷被遮掉了，全句应是“自力更生，艰苦奋斗，奋发图强”，是20世纪60年代的口号。当时标语写进房内是很普遍的现象，保留了下来，能勾起往日的回忆。图2-1-4（b）是带有气窗的组合木屋架。木屋架的使用可以减少室内承重墙体，增大室内空间，增加屋面形式的变化。这种屋架形式多用于民居的厨房，以利于烟气的排放。

（a）

（b）

图2-1-4 自承重土墙房屋的小青瓦木屋盖

（a）木梁直接搁置在墙上；（b）带有气窗的组合木屋架

2.1.2 土墙填充

土墙填充房屋也称土墙自承重房屋。也就是说，土墙只作为房屋的围护结构，楼层和屋面荷载的传递是靠其他结构形式，如木结构、砌体结构，以及现代的混凝土结构，或这几种结构的组合结构形式。这种房屋开间可以较大，内墙布置较灵活，一般为一二层房屋居多。笔者检查这类房屋发现，土墙与结构之间一般连接构造措施的作用很差，因此土墙墙体的自身稳定性就很重要。

图 2-1-5（a）是两层木框架房屋，框架柱、梁、屋架和悬挑廊道构件组合清晰可见，土坯用作房屋的围护墙体。照片是笔者到福建厦门南靖考察土楼，在电影“云水谣”外景拍摄地拍到的。

图 2-1-5（b）是木框架结构土墙围护的厂房。框架跨度 11.62m，柱间距 5.26m，建于 20 世纪初，最初是库房，后作为生产车间使用。笔者在 2016 年进行检测时，该建筑已有近百年历史，其中一部分因破损严重，已进行了改建，这是残存部分。由于木柱严重腐朽变形，两侧用红砖柱支顶。照片左侧，可见生土墙体垮塌，木柱外露的情况。

（a）

（b）

图 2-1-5 木框架土墙填充房屋

（a）土坯砌块填充；（b）夯土墙框架厂房

生土、砖、木结构是建筑的传统材料，在历史建筑中经常见到三种材料共同用于一个建筑中，各自发挥各自的功能优势。砖柱竖向承重，木结构水平承重，结构体系的填充墙有不少采用生土墙体。

图 2-1-6（a）是 20 世纪初修建的仓库，由于荷载较大，又是两层，因此采用砖柱承重，夯土墙体作围护结构。与其他墙体相比，有较好的保温隔热功能，适用于贵重物品的存放。

图 2-1-6（b）是山西农村的一座观音堂。观音堂两端是砖柱，中间墙体是土坯填充。院内观音堂前左右两边各一棵大树，门前一尊香炉，门上对联是“万马绕堂敬观音，磕头作揖祝民安”，有着简朴浓郁的乡村风味。

2019 年 5 月，笔者到约旦旅游，路边休息时，发现马路对面正在修建生土房屋，见图 2-1-7（a）。照相机镜头拉近一看，混凝土框架柱中填的是土坯砌块，见图 2–1–7（b）。下部已形成墙体，并抹上了灰，窗户开得很小。约旦缺少树木，用混凝土框架也是一种形式。

（a）

（b）

图 2–1–6　砖柱土墙填充房屋

（a）夯土墙填充；（b）土坯墙填充

（a）

（b）

图 2–1–7　混凝土柱土坯填充

（a）围墙与建筑全景；（b）混凝土柱和土坯

2.1.3　土墙木框架组合承重

土墙木框架组合承重房屋，可以充分发挥土墙保温隔热效果好、墙体稳重、厚度大、便于与木结构连接等优点；而木框架占用空间小、布置灵活、承载力较大。因此这种结合，建筑造型上更丰富，适用性更强。

图 2–1–8（a）农居，木框架外廊布置使立面有进深变化，丰富了主人活动空间，晾晒的农作物不怕雨淋，也不必担心放在室内会腐坏。从门窗洞口大小，在墙面上的位置关系，结合歇山屋面形式，大致可以知道房屋的间数和使用功能。

图 2–1–8（b）是南京明孝陵享殿，现在放置朱元璋画像的地方。该建筑采用土墙增加了建筑的庄重性，木制框架沿四周延展形成空透外廊、飞

檐，使屋盖约显不协调，但有要飞天的动感。

（a）

（b）

图 2-1-8 土墙木框架共同承重房屋

（a）正面外门廊；（b）明孝陵享殿

福建土楼除了前面讲述的一些功能，圆形的土楼一大家人住在一起，具有团团圆圆、美满、兴旺发达的寓意，体现了中华民族的家族理念，并且有较完善的防卫功能，防止土匪、异姓的骚扰。

笔者在福建考察土楼建筑时，看见路边的德风土楼与马路、现代建筑交汇在一起，见图 2-1-9（a）。该楼属于一个中型土楼，现已改做旅店，院内环境整洁、安静，仿佛忽然进入了另一个天地。院内三层楼，为木框架结构。框架顺圆周等距布置，每层框架间水平用梁连接，铺上木板作为楼面，立面隔墙形成扇形房间，廊道为木栏，用农家用具和灯笼点缀，整个立面像五线谱，带有一种韵律感，见图 2-1-9（b）。每层木框架一头的梁是搁置在生土外墙上，墙体不但分担了一部分室内荷载，也增强了墙体与框架整体共同作用的能力，见图 2-1-9（c）。屋架阶梯式悬挑，形成坡屋面，简洁大方，便于排水和维修，见图 2-1-9（d）。旅店给游客展现的是几十年前福建土楼的农家风情。

（a）

（b）

图 2-1-9 福建南靖德风土楼（一）

（a）土楼外观及街景；（b）院内三层楼

(c)

(d)

图 2-1-9 福建南靖德风土楼(二)

(c)木梁放置在外墙上;(d)顶层屋面悬挑

2.1.4 土木组合墙体

土木组合结构自古在水利坝体工程中用得很多,在建筑地基基础处理中应用得也不少。20 世纪 80 年代,笔者在处理一处土基变形的工程时就采用了打木桩挤密土体协同工作的办法。

土木组合墙体可以理解为土墙填充墙体的加厚,因为墙体加厚到一定程度,墙体中的土木才能共同协同工作。一般的土墙填充墙体,因为厚度不大,与周边构件又不能可靠连接,即使能可靠连接,因两者强度和刚度相差大,也不能很好地协调工作。当受到上部较大集中荷载、地基变形和振动时,容易产生裂缝,甚至损坏。特别是受到地震作用时,出现垮塌情况。

当木柱受到一定厚度土体的包裹后,变形受到约束,土木之间的摩擦起到传力的作用,形成了组合墙体,增加了承载力和稳定性。组合墙体的作用与木柱的粗细、间距,墙体的高度、厚度有很大关系。我国留存下来的不少庙宇就是采用的这种组合墙体。

应县木塔(又名佛宫寺释迦塔),建于公元 1056 年(辽清宁二年,即北宋至和三年)。木塔底部砖石砌筑的双层台基总高 4.4m,下层方形,上层随塔身呈八角形。木塔为“明五暗四”共九层的双层套筒式结构,全塔没用一颗铁钉,全靠木构件和 59 种斗拱榫卯咬合垒叠而成。塔高 67.3m,底层 30.27m,见图 2-1-10(a)。塔底层红色部分为砖包夯土墙体。

一层柱身最为高大,以砖土包砌,结合内槽形成稳固的套筒结构,加上副阶廊檐柱一周,使其直径共达 30.27m,增加了受力面积,见图 2-1-10(b)。中部为释迦牟尼佛坐像。砖土墙高度约合厚度的三倍,每面斜收。底层柱身最为高大,包在厚厚的砖土墙中,增强了塔体的稳定性。

（a）　　　　　　　　（b）

图 2-1-10　应县木塔

（a）木塔外貌；（b）一层内部构造

土木组合墙体在梁思成先生所著的《图像中国建筑史》中有很多，以下为该书中的图。图 2-1-11（a）为山西佛光寺大殿，建于公元 857 年（唐大中十一年），图 2-1-11（b）为善化寺大雄宝殿，梁先生认为是辽代遗构，采用了土木组合墙体。[2] 这种土木组合墙体在民间也有不少，不时也能见到。

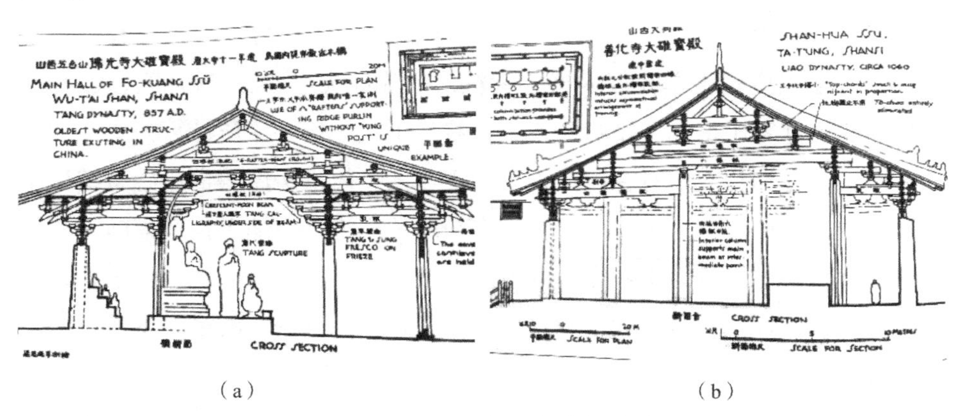

（a）　　　　　　　　（b）

图 2-1-11　土木组合墙体建筑

（a）佛光寺大殿；（b）善化寺大雄宝殿

2.2　土墙房屋的设计

2.2.1　设计规范中的生土结构

20 世纪 50 年代初，我国还没有一本按现代科学方法设计计算的砌体结构规范。为适应各设计部门的迫切需要，国家建设委员会建设工程技术司主持翻译了由苏联部长会议国家建设委员会批准、于1955年正式颁布执行的《砖石及钢筋砖石结构设计标准及技术规范》Н м Т У 120—55。国家建设委员会认为：“根据这种规范进行设计，能使结构的作用更接近于实际情况，可以充分发挥材料性能。因此，有必要在我国推广使用。但规范中某些条文须结合中国的具体情况进行研究和修改，短时间内尚难完成，故暂时还不能作为我国正式的设计规范。”该规范采用的是属于定值的极限状态设计法，但各种砌体的抗压强度计算公式比较烦琐，引用的影响系数较多，使用中较难掌握，给设计人员的使用带来不便。

自20世纪50年代初至60年代中期，我国进行了大规模的基本建设，因资金匮乏，钢材产量低，品种不齐，给工程的实施造成了巨大的困难。这时砌体结构成了建设的主力军，生土墙体也用于厂房的建筑之中。

在全国范围内对砌体结构进行了比较大规模的试验研究，并对全国砌体结构建筑进行了大量的实地调查工作，总结出一套符合我国实际、比较先进的砖石结构理论、计算方法和经验，对 Н м Т У 120—55 规范的12章、267条和6个附录进行了修订，在1973年颁布了《砖石结构设计规范》GBJ 3—73（以下简称73《规范》）为国家试行标准，自1974年5月1日起开始试行。修订后的规范共分7章、60条和8个附录，规范修订的主要内容有：各种砌体的抗压强度是根据我国的试验资料，按数理统计方法求得的公式计算；在房屋静力计算中增加了刚弹性方案；修订了大小偏心受压计算公式；构造部分作了简化和补充；对在我国常用的空斗墙、筒拱房屋等常用砖石结构作了补充规定。原规范对土坯墙的强度有简略的规定，但缺乏构造措施。关于土筑墙没有规定。修订中考虑我国民间有较普遍的使用，因此也作了补充规定。应该说，这本规范是适合我国国情，按现代标准制定的第一本砖石结构设计规范。

生土建筑虽然建造使用年代久远，但对其真正做了系统调查研究和理论分析是在1955年到1973年之间。笔者从湖南大学施楚贤教授那里复印到一本油印的《砖石结构的设计和计算（草案）》，是1971年3月20日北京轻工业设计院复制的。编者是砖石结构设计规范修订组，时间是1970年12月，见图2–2–1，属于73《规范》编制中的一份设计计算资料。这份资料证明了，当时的设计人员为找到设计依据，是通过手写油印的方式传递技术信息的，也体现了我国广大工程技术人员兢兢业业的工作作风。

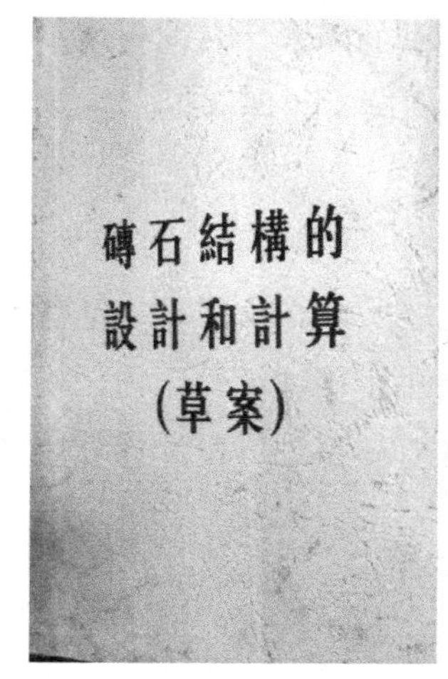

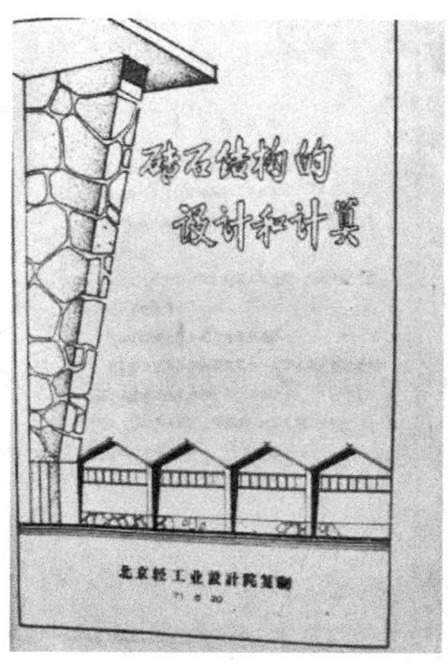

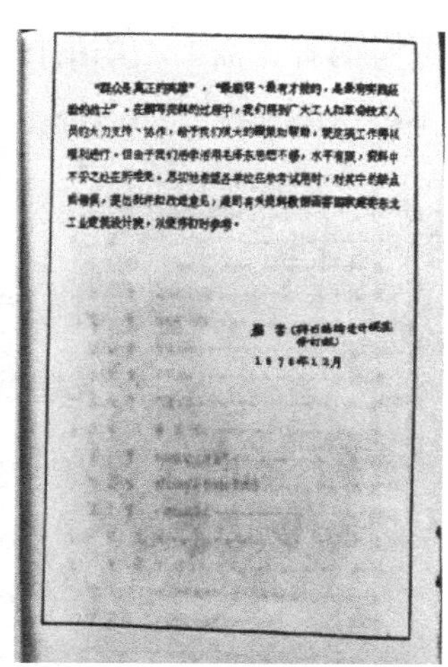

图 2-2-1 手抄油印的设计资料

20世纪 70 年代中后期，为了满足我国建设又一次高速发展的需求，以及设计基础理论的变化，新修编的砌体结构规范采用以概率理论为基础的极限状态设计方法，增加了混凝土小砌块建筑静力设计和抗震设计的章节，取消了石结构、土坯墙的内容，因此名称做了改动。新颁布的国家标准为《砌体结构设计规范》GBJ 3—88（以下简称 88《规范》）。88《规范》的颁布表明，生土建筑和石结构建筑在城市建设中已应用很少，属于被“淘汰”对象。20 世纪 80 年代开始，不论在城市，还是在农村，我国逐步停止了生土房屋的建设。按现代设计“有规可循”的要求，生土建筑设计没有依据的状况持续已有三十来年时间。

20 世纪 90 年代开始，随着我国国力的增强，钢材产量和水泥产量不断增长，在城市，钢筋混凝土结构逐渐取代了砌体结构，成为建筑结构的主力军。而由于地震灾害造成大量农房的倒塌，都归罪于传统结构不抗震，因此钢筋混凝土结构也在农村广泛使用。

近年来，随着历史文化名城、历史文化村镇的建设，以及城市更新的需要，全国大批历史建筑和文物建筑都需要保护、修缮，生土建筑是其中的一部分。回望过去，我国较全国性地、系统地研究生土建筑结构和建造，有文字资料记录，还是 20 世纪五六十年代的事。而这些资料都有很高的历史价值和实用价值，由于长期不用，多已散落，留存下来的不多。

笔者长期参加国家规范的编写，目前又在做生土建筑的安全评估工作，手里有一些这方面的资料，本想把这些资料梳理后，结合工作体会，写出来供大家参考。但一想，这些资料整体反映那一时期的技术水平，现在都还有很高的参考价值，为了保留前辈砌体工作者辛勤工作的成果，一些地方摘录原有内容，需要增添的内容另外叙述。这样做也有不利的因素，名词出现了不统一的情况，如“夯土”称“土筑”等，但不影响阅读时的理解。

2.2.2 设计内容

“土墙房屋的设计”是73《规范》中的附录一。之所以作为附录，笔者认为：材料和砌体的试验资料不系统完整，生土主要用于墙体承受压力，不宜做成拱、壳、梁等结构形式，不能列入砖石砌体计算体系中，设计计算比较简单，因此单独一节。全文如下：

1. 土墙主要包括土筑墙、三合土筑墙和土坯墙，设计时可根据当地实践经验，墙体的压缩变形大小，参照本附录的规定。

注：土墙的总变形量（包括压缩变形和干缩变形）一般为0.3%～1.5%。

2. 土墙的材料，应根据各地区的具体条件，因地制宜，就地取材。为了改善土墙的物理力学性能，减少干缩变形量，可在土中加入适量的石灰、砂或矿渣等掺合料。

3. 土墙房屋的体型，应力求简单，应尽量避免立面高低起伏和平面凹凸曲折，开间布置宜规则统一。

土墙房屋应采用横墙承重结构方案，应尽可能避免偏心受压，必要时采取适当措施，以减小荷载偏心距。

土墙的允许高厚比［β］，单层房屋不宜大于14，两层房屋不宜大于12，对于非承重墙尚可分别乘以提高系数1.2。高厚比的验算方法参照第六章第一节的规定说明。（高厚比的验算与现在规范中的计算方法一样，可自行查阅）

注：如有可靠根据时，允许高厚比［β］可不受本条件限制。

4. 土墙的勒脚部分，应用砖、石砌筑，并应采取适当的排水防潮措施。

在纵横墙交接处，沿高度方向每隔30厘米左右设置拉结条，以加强墙体整体性。

5. 对于压缩性变形较大的土墙，梁板构件的两端，不宜分别支承在土墙和砖石墙、柱上，以防止墙的较大压缩变形对结构的不利影响。

6. 在土墙承受集中荷载处，应设置垫块。在山墙顶部宜设置混凝土压顶或砖砌压顶，其高度一般采用12厘米。

7. 土墙中的门窗过梁，不应采用钢筋砖过梁和砖砌平拱。过梁支撑长度不宜小于30厘米。窗间墙的宽度不宜小于140厘米。安装门窗过梁时，应根据土墙的压缩变形大小，在过梁与门窗之间预留适当的空隙。

8. 土墙轴心和偏心受压时，可按下式计算：

$$KN \leqslant \psi \alpha AR$$

式中 K——安全系数，取 3.0；

N——纵向力；

A——截面面积；

R——土墙的抗压强度，可按第 9 项或第 10 项采用；

α——纵向力的偏心影响系数，对于矩形截面：$\alpha = 1 - \frac{2e_0}{d}$；

ψ——纵向弯曲系数，按第四章第 17 条表 15 中砂浆为 4 号时的数值采用（即附表 1–1 的数值），查表时考虑到偏心受压对土墙纵向弯曲的不利影响，对矩形截面，高厚比 $\beta = \frac{H_0}{d}$，应乘以下列系数 ω：

$$\omega = \frac{1}{1 - \frac{2e_0}{d}}$$

e_0——纵向力的偏心距，不宜超过 $0.2d$；

d——土墙的厚度；

H_0——土墙的计算高度。

土墙纵向弯曲系数 ψ **附表 1-1**

β	4	6	8	10	12	14	16	18	20	22	24	26	28
λ	14	21	28	35	42	49	56	63	70	77	84	91	98
ψ	0.93	0.86	0.78	0.69	0.61	0.53	0.46	0.41	0.36	0.32	0.28	0.25	0.22

9. 土筑墙和三合土筑墙的抗压强度与施工方法、墙体的干容重、所用土质类别、掺合料种类和配合比等条件有关，应根据现场具体情况，按试验资料确定。当无试验资料时，可参照干容重大小（1.5～1.6t/m^3）采用 8～12kg/cm^2。

注：土筑墙和三合土筑墙抗压强度的确定，可参照第四节。

10. 龄期为 28d 的土坯砌体的抗压强度 R，可按附表 1–2 采用。

土坯砌体的抗压强度 R（kg/cm^2） **附表 1-2**

土坯标号	砂浆标号		砂浆强度
	10	4	0
35	12	10	6
25	10	8	5

续表

土坯标号	砂浆标号		砂浆强度
	10	4	0
15	9	7	3
10	8	6	3
7	—	5	2

注：土坯砌体的弹性模量可采用200*R*。

2.2.3 修订说明

笔者收藏有一本73《规范》修订说明的“秘密文件”，见图2–2–2（a），如何得到的已不记得。从图2–2–2（b）前言内容可见，当时对规范编制背景情况的重视程度，估计是为避免一般设计人员理解有误，或内容给社会造成不良影响。

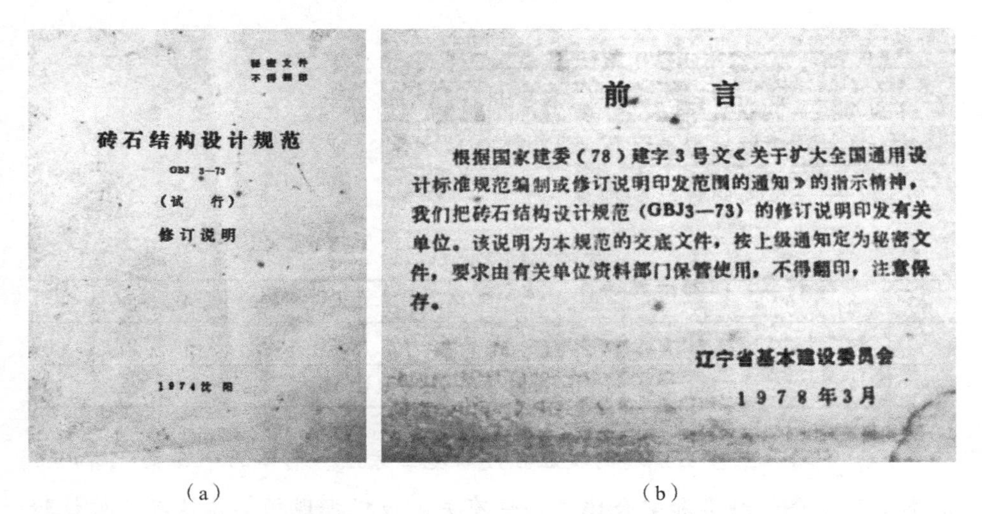

秘密文件
不得翻印

砖石结构设计规范
GBJ 3—73
（试 行）
修订说明

1974沈阳

前　言

根据国家建委（78）建字3号文《关于扩大全国通用设计标准规范编制或修订说明印发范围的通知》的指示精神，我们把砖石结构设计规范（GBJ3—73）的修订说明印发有关单位。该说明为本规范的交底文件，按上级通知定为秘密文件，要求由有关单位资料部门保管使用，不得翻印，注意保存。

辽宁省基本建设委员会
1978年3月

（a）　（b）

图2–2–2　73《规范》修订说明
（a）封面；（b）前言

关于规范附录一土墙房屋的设计说明如下。

（1）原规范对土坯墙的强度有简略的规定，但缺乏构造等措施。关于土筑墙没有规定。本规范考虑到土墙在我国民间有较普遍的使用，因此对原规范作了补充规定。

（2）各地土墙采用的材料、施工方法，有较大的出入。目前大多用于低层的民用建筑。其中土筑墙，包括三合土筑墙，近年来，各单位作了一些设计和研究。

土筑墙包括三合土筑墙房屋的主要问题是干缩裂缝。此外由于收缩变形较大，构造不当，引起墙体开裂，浸水软化，引起墙体倒塌也有发生。对于干缩裂缝，各单位看法也不统一。江西地区多用不掺石灰等材料的土筑墙，认为这类裂缝是客观存在，不影响使用，但多为单层房屋。湖南地区，一般采用三合土筑墙，其中对砂的含量没有严格要求，这类墙体裂缝较土筑墙为少，但多数房屋仍或多或少存在。广东地区，施工较细致，除掺石灰外，有的还掺有一定水泥、贝壳灰等。近年来对含砂量有较高的要求，一般控制在50%以上，认为增加含砂量，对防止干缩裂缝起控制作用。这类墙体，一般强度较高，裂缝较少，施工较为复杂。

总之，由于土墙材料和施工方法的地方性较强，各个地区都有一定的特点。

关于土墙的物理力学性能，近年来各单位虽有一定研究，但还不够系统、成熟，尚有待进一步发展、提高。

根据这个情况，土墙房屋的设计列于本规范的附录，作为设计时的参考，并要求根据当地实践经验进行设计。

附录中的构造处理，主要针对国内一般地区采用的土筑墙和三合土筑墙。对于掺有水泥或含砂量较高，石灰掺量较大的墙体，由于其压缩和干缩变形较小，设计时可以根据当地实践经验予以调整。

（3）土墙受压时的计算公式，系参照现行《钢筋混凝土结构设计规范》中混凝土受压构件计算公式和修订组在西南建研所的部分校核性试验资料确定的。附表1为试验值与计算值的比较。

三合土筑墙体受压时承载力 N 与计算值 N_1 的比较　　附表1

	数量	e_0/y	N/N_1
砌体Ⅰ	3	0.15	0.88
砌体Ⅱ	3	0.30	0.96
柱子	2	0.30	1.08
平均			0.97

土筑墙的局部受压强度，根据个别试验看出，其局压提高系数 $\gamma \approx 1$，由于资料较少，暂未列入规范。土墙房屋过梁上的砌体重量的取法，与砖砌体也有较大出入，目前还难确切地作出规定。这些问题可根据已有的设计实践予以处理，积累资料，逐步提高。

2.2.4 关于生土建筑抗震

《砌体结构设计规范》从88《规范》开始就没有了生土建筑的设计内容，后来新编的砌体结构的检测、鉴定和加固规范也没有生土建筑的内容。但是，抗震的设计、鉴定和加固规范都有生土建筑的相关内容。有关生土建筑抗震设计、鉴定和加固规范见表2-2-1。表中指出了生土建筑在规范中适用的范围。

有关生土建筑抗震设计、鉴定和加固规范　　表2-2-1

抗震设计规范	抗震鉴定标准	抗震加固规程	生土建筑适用范围
《地震区建筑规范草案》（1959年）	—	—	地震区，以苏联规范CH-8-57为蓝本
《地震区建筑设计规范（草案）》（1964年完成）	—	—	地震区
《京津地区工业与民用建筑抗震设计暂行规定》（1966年邢台地震后）	《京津地区工业与民用建筑抗震鉴定标准》（1975年试行）	—	京津地区试行，7～8度区
《工业与民用建筑抗震设计规范（试行）》TJ 11—74	—	—	京津地区试行，7～8度区
《工业与民用建筑抗震设计规范》TJ 11—78	《工业与民用建筑抗震鉴定标准》TJ 23—77（试行）	《工业与民用建筑抗震加固技术措施》（1986年）	全国标准，7、8度地震区
《建筑抗震设计规范》GBJ 11—89	《建筑抗震鉴定标准》GB 50023—1995	《建筑抗震加固技术规程》JGJ 116—1998	强制性标准，6、7、8度地震区
《建筑抗震设计规范》GB 50011—2001	—	—	强制性标准，6、7、8度地震区
《建筑抗震设计规范》GB 50011—2010	《建筑抗震鉴定标准》GB 50023—2009	《建筑抗震加固技术规程》JGJ 116—2009	强制性标准，6、7、8度地震区
—	《既有村镇住宅建筑抗震鉴定和加固技术规程》CECS 325:2012		强制性标准，6、7、8度地震区
—	《建筑震后应急评估和修复技术规程》JGJ/T 415—2017		

我国的建筑抗震设计始于1959年，抗震鉴定标准的制定始于1968年，相应的国家抗震标准编制的演变情况从表2-2-1中可以看到。若需深入了解，可查相应的规范标准。

近年来，随着新型乡镇建设的需要，生土建筑成为有地域特色的重要标志。为保证建筑的安全建造和使用，各地都在制定相关的导则、标准。如《陕西省村镇建筑抗震设防技术要点》《云南省农村民居地震安全工程技术导则（试行）》、《四川省农村居住建筑抗震技术规程》DBJ 51/016—2013 等。这些规程的出台，为生土建筑的应用提供了条件。

2.3 一般构造措施

2.3.1 设计手册的内容

《砖石结构设计手册》（以下简称《手册》）是中国建筑工业出版社于 1978 年 10 月出版的。《手册》是配合新颁布的 73《规范》编写的。《手册》引用了下列设计规范中的有关内容:《工业与民用建筑结构荷载规范》TJ 9—74;《钢筋混凝土结构设计规范》TJ 10—74;《钢结构设计规范》TJ 17—74;《工业与民用建筑地基基础设计规范》TJ 7—74。

土墙的构造要求是《手册》第八章第二节中的内容。虽然土墙房屋的构造要求在 73《规范》中也有一些雷同，但要求不尽一致，并且增添了不少构造措施，就是现在也具有参考价值。

《手册》将钢筋混凝土构件用于了土墙房屋中：为了加强房屋的整体性和稳定性以及均匀传递楼面荷载，在楼房墙上设置圈梁；在土墙承受集中荷载处，应设置垫块；山墙顶部宜设置混凝土压顶，其高度一般采用 12cm 等措施。虽然这些部位可以用砖或木构件代替。

20 世纪 50 年代后，我们把“砖混结构”作为常用的结构体系之一，这种构造可以称为“土混墙体”。这种墙体构造在土墙房屋中还很少见到。

（1）土墙的勒脚部分，应用砖、石砌筑，并应采取适当的防水防潮措施。防潮层应设在室内地坪下 5cm 处。

（2）在纵横墙交接处，沿高度方向每隔 30cm 左右设置拉结条，以加强墙体的整体性。夯筑时二板墙上下应交叉搭接，转角和接头亦可整体夯筑。拉结条一般可用竹筋等材料。

（3）对于压缩变形较大的土墙，梁板构件的两端，不宜分别支撑在土墙和砖石墙上、柱上，以防止墙的较大压缩变形对结构的不利影响。

（4）土墙的总变形（包括压缩变形和干缩变形）一般为 0.3%～1.5%。

（5）为了加强房屋的整体性和稳定性以及均匀传递楼面荷载，在楼房墙上应设置圈梁。

1）横墙承重的民用建筑，圈梁一般设在外墙，并伸入横墙一定长度以使纵横墙连成整体。

2）在土墙与楼板接触处，一般砌筑 2～4 皮眠砖或用钢筋混凝土圈梁支撑楼板。

（6）在土墙承受集中荷载处，应设置垫块，在楼板面上应用砖砌踢脚线，一般高度为 18～24cm。

（7）在土墙中安设门窗过梁时，应注意下列各项：

1）不宜采用钢筋砖过梁和砖砌平拱；

2）过梁支撑长度不宜小于 30cm；

3）窗间墙的宽度不宜小于 140cm；

4）应根据土墙压缩变形的大小，在过梁与门窗之间预留适当的空隙，一般为 1～2cm；

5）门窗洞口宜预先留出，也可在做完屋盖后再行开挖，但应预先设置门窗过梁；

6）固定门窗框的木砖，应在砌墙时预埋，为避免由于土墙收缩发生松动，木砖上要加钉 30～40cm 长的灰板条 1 根。

（8）土墙房屋的外墙宜加护面层，一般是在土墙干燥后做外粉刷；若不做外粉刷，则应加打拍子灰，增加墙体密实性，提高强度和抗水性。

（9）土墙房屋的屋盖出檐，不宜小于 50cm。室外应做明沟或散水。

（10）山墙出檐采用悬山处理，出檐长度不宜小于 50cm。山墙顶部宜设置混凝土压顶，其高度一般采用 12cm。

（11）在较潮湿的房间（如洗脸间、卫生间等），应做防水护壁，以免墙体受潮软化，一般可侧砌 1/4 砖并抹水泥砂浆，也可用钢丝网水泥。

（12）土筑墙厚度可根据实践经验确定，一般不宜小于 25cm。

本书工程实录都是传统民居生土房屋，构造措施没有看见上述钢筋混凝土构件的使用情况。

2.3.2 夯土墙体内构造

1. 墙内竹和木

自古以来，我们的祖先为了增加夯土的强度、减少裂缝，除了添加材料改善夯土的性能外，还在其墙体中设置强度高、刚度大的材料以增强局部或改善整体的性能，这与现代在混凝土中加入钢筋和型钢的目的是一样的。例如，在夯土中加入竹筋、木材、藤子等材料。

图 2–3–1（a）是笔者在福建看见的一幢破损等待修缮的土楼墙体。垮塌洞口的上部是一木制圈梁，由于它的存在，上部墙体基本完好。圈梁下部外露的圆木是埋在墙体内的，另起什么作用不清楚，但客观上能加强墙体的整体作用。墙体内埋有较密的竹筋。

图 2–3–1（b）是笔者在重庆拍到的土墙垮塌残留墙体中外露的松木板和竹筋的情况。看来，木料施工前没有处理好，被虫严重蛀蚀，也应是造成墙体疏松垮塌的原因之一。

（a）

（b）

图 2–3–1 从破损墙中看构造材料

（a）破损的土楼墙体；（b）土墙残留墙体

两个不同地方的工程说明，将竹筋和原木、木片放入夯土墙体中是各地普遍采用的方法。把混凝土及构件应用于生土建筑中，是近几十年的事。

2. 竹筋的作用

竹子广泛分布于我国除新疆、内蒙古、黑龙江等少数省份外的 27 个省市，丰富的竹资源一直广泛地应用于我们的生产、生活中。早在距今 7000 年的河姆渡遗址中，就发现我们的祖先利用原竹和其他材料一起建造房屋。竹子、藤子和木材用于夯土墙体中的作用是什么呢？说不定我们的祖先是从圆形木器具的制造中得到的启发。

以前，人们使用木桶装水、运肥，用木盆洗脸、洗衣服，用木甑子蒸饭，现在还有不少地方的人喜欢吃木甑子蒸的饭。要把弧形的木片组成圆柱形，做成木桶、木盆、木甑子，并且不渗水，就要在外围加竹编的箍，给木片一个压力，使其盛物后虽然压力减小，但还有压力存在不会分开，保持不渗漏、不变形，这个力我们现在称为“预应力”。

现在很多人都不知道它们是如何做成的，现以木甑子为例做个介绍。

图 2–3–2（a）是蒸饭用的木甑子外貌。这是我国传统民居中常用的炊具之一，由竹木做成。蒸米饭时，将甑子放在装有水的铁锅中央，揭开竹编顶盖，中空部分是用于装已煮半熟的大米，见图 2–3–2（b）。下部竹篦子的缝隙是让锅中的水蒸气进入甑子内，蒸熟成米饭。木甑子是由弧形的木片围合而成，相互之间用木销钉合拢，见图 2–3–2（c）。甑子光靠木销钉连接，在蒸饭时遇水和米的膨胀，木片就会松开，甚至垮掉，因此在甑子腰部箍上竹套箍，见图 2–3–2（d）。实际竹套箍是给甑子腰上增加了一圈“预应力”。这样，甑子在蒸饭时桶壁膨胀，竹箍就反向约束它，使其不会松开。

（a） （b）

（c） （d）

图 2–3–2 木甑子的组合

（a）木甑子外貌；（b）木甑子内部空间；

（c）组成甑子的木片；（d）用竹圈将其箍紧

在修建福建圆形土楼时，在墙体中放入竹筋，与木甑子加环形竹筋的作用基本是一样的，就是约束墙体的变形，增加整体的刚度。对于土楼来说，墙体中加竹筋，裂缝的开展受到了限制，提高了建筑的抗震能力和恢复能力。在后面的工程案例中还会提到。

3. 作用案例

竹筋埋入圆形的夯土墙体中能起到约束作用，在其他形状的夯土建筑中埋入竹筋也能起到约束和连接作用。图 2-3-3（a）是一夯土建筑，纵横墙转角处因雨水侵蚀破损严重。由于墙体内环状竹筋的密集作用，起到了拉结墙体、固定土体的作用，见图 2-3-3（a）和图 2-3-3（b）。

（a）

（b）

图 2-3-3 墙体角部竹箍筋的拉结
（a）墙体交接处破损；（b）墙体中的竹筋

2.3.3 墙面防护

1. 防水措施

土遇水会软化，失去强度，对于生土建筑就是一种破坏，因此，防水是最需要考虑的问题，否则会影响建筑的使用寿命。生土建筑长期不使用，不注意维护，因雨水的侵蚀，要不了多久就会垮塌。这样的工程实例很多，这里就不列举了。

生土建筑最容易受水侵蚀的部位是靠近地面的墙体和屋顶墙体。靠近地面的墙体容易受到地下水、生活污水和雨水的侵蚀。屋顶墙体主要受到雨水的侵蚀。墙体下部的防水处理，常采用的方法有：在基础和墙体交界面增设防水层，下部墙体采用石材、卵石、砖或混凝土，并做好周边环境的排水处理。屋顶墙体的防水，主要是防止屋面漏雨，增加屋檐宽度，减少雨水对墙面的侵蚀。

福建南靖县怀远楼建于 1905～1909 年间，坐北朝南，为双环圆形土楼。外环为土木结构，内环为砖木结构。外环楼 4 层，高 13.5m，每层 34 间，楼基以大块卵石和三合土垒筑约 3m 高，基墙厚 1.2m。从图 2-3-4（a）可以看到，地面也是采用的卵石和三合土防水面层，并设有排水沟。宽大的屋盖像一顶斗笠盖在墙体上，下雨时，雨水直接落入排水沟，对墙表面起到避水的作用，见图 2-3-4（b）。这些措施有效地保护了土墙，加上合理的使用和维护，使得已有 100 多年历史的怀远楼，仍基本完好如初，2006 年 5 月被列为第六批全国重点文物保护单位。

（a）

（b）

图 2-3-4　福建怀远楼外围防水措施

（a）卵石墙体和排水沟；（b）大的悬挑屋盖

用石头作为生土墙体底座，避免水的侵蚀是常采用的方法。图 2-3-5（a）是一座庄园建筑，已有二百多年历史，用条石处理不同高差的防水做得很精细，条石高度考虑了雨水溅落的影响。夯土墙面有一层石灰抹灰层，20～30mm 的稻壳黄泥保护层，如图 2-3-5（a）左上角情况，右上部现剔除保护层后，夯土墙体仍完好。图 2-3-5（b）是夯土墙、土坯使用的材料和构造图示说明。

（a）

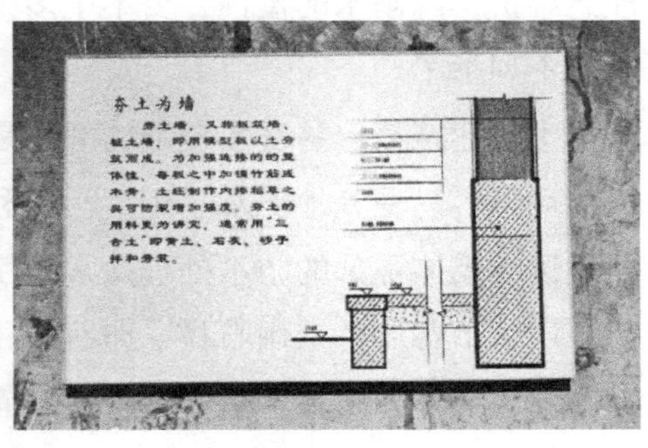

（b）

图 2-3-5　地坪、石台阶、条石基础与夯土墙

（a）台阶、基础与墙体；（b）构造的图示说明

2. 角部保护

由于土墙房屋的生土强度低，在门窗洞口、墙体转角处，因人流过往

密，所拿器物容易与墙体发生碰撞，造成损坏，影响观瞻和使用。为了保证其完好性，修建时多采取一些措施，有时也兼顾装饰作用。

图 2–3–6（a）是门口墙体破损情况。一般门洞墙体下部比上部破损严重。为减少这种情况的发生，可将门框移到门外墙边，墙体转角处做上护板，如图 2–3–6（b）。图中转角处护板已掉落半边，但仍起到了一定的保护作用。

（a）

（b）

图 2–3–6 门角的破损与防护

（a）门口墙体损伤；（b）墙体门角用木防护

图 2–3–7（a）的门窗洞口全部采用砖砌，中部采用土坯填筑，边部为木门窗。图 2–3–7（b）是窗台和门下部采用砖包，其余部分为土坯砌筑，木门窗框包边。这是河北平山地区的土坯建筑门窗洞口保护的方法，也增添了墙面的装饰效果。

（a）

（b）

图 2–3–7 门窗洞口的处理方式

（a）采用砖砌包边；（b）采用砖木组合

图 2–3–8（a）是福建南靖田中村光辉楼入口。门框采用青石，既显得庄重、符合楼的外观形式和家族楼宇的需求，又解决了人流大、门框处墙

体易损坏的问题。福建土楼基本上都采用石门框。墙体转角为弧形，外形流畅，解决了墙体转角容易受到损伤的问题。墙体上两条平行的褐色木带，相当于现在所说的“圈梁”，可以加强墙体整体作用和控制墙体裂缝产生，见图 2-3-8（b）。这两道“圈梁”在建筑中起到了“腰带”的作用，使立面有层次感。该建筑于 2013 年 1 月 11 日被南靖县人民政府确认为县级文物保护点。门上方的“伟大的领袖毛主席万岁”，以及两侧的“为有牺牲多壮志；敢叫日月换新天”，说明了那个年代的精神气概。从门上方字的内容可以知道，字是 1970 年左右写的，距笔者考察已有近 50 年的时间，表明抹灰层的质量是很好的。

（a）

（b）

图 2-3-8 福建南靖田中村光辉楼

（a）土楼入口石门框；（b）土楼侧面情况

3. 防风化损伤

土墙房屋的外墙可以通过抹灰来对墙体表层进行防护。这样风化作用、水的侵蚀、撞击损伤都可首先由抹灰层来承受。抹灰层可以是泥浆、石灰浆，或中间加入砂、草筋等材料。虽然也可采用水泥砂浆，但不是传统材料，也少见到用于土墙面层上。笔者的朋友到伊朗旅游，看到了卡尚布鲁杰尔迪古宅生土房屋外墙用泥浆抹面，有童话里建筑的味道，也起到了装饰作用，见图 2-3-9（a）。图 2-3-9（b）是工人正在进行抹灰施工的情况。

墙体表面抹灰能填平不规则的墙面，减少或消除部分墙体表面的裂缝，使环境简洁。图 2-3-10（a）是笔者到内蒙古自治区希拉穆仁草原旅游，见到的加干草做成的土坯块砌成的墙体，还未抹完泥浆灰的墙面。图 2-3-10（b）中，在蓝天下，草原的房屋、围墙与大地一色，显得简洁宽广。

(a)

(b)

图 2-3-9　生土房屋外墙用泥浆抹面
(a) 村子建筑外貌；(b) 正在进行抹灰

(a)

(b)

图 2-3-10　草原上牧民的土坯墙体房屋
(a) 正在抹灰的墙面；(b) 草原的房屋和围栏

2.4　土墙强度取值

2.4.1　土筑墙

1. 73《规范》要求

附录四　砖石砌体和土墙抗压强度的试验方法。

确定土筑墙（包括三合土筑墙）抗压强度的试件，一般采用 30×60×90cm^3 的棱柱体，也可采用边长为 20cm 或 15cm 的立方块。当采用立方块试件时，抗压强度应按试验结果，分别乘以表 1 所列的换算系数后采用。

制作试件应采用施工现场的操作方法，试件数量一般采用 3 个。立方块试件应分三层夯实。

试件在室内自然条件下养护 28d 后，进行轴心受压试验，取 3 个试件试验结果的平均值，作为土筑墙的抗压强度。

土筑墙抗压强度的换算系数 表 1

试件尺寸（cm）	20×20×20	15×15×15
换算系数	0.8	0.7

2. 既有墙体

土筑墙体从其施工的工艺和使用材料的性能来看，可以认为土墙是一个整体，这与混凝土的情况差不多。因此，可以用立方体试件评定强度。

从既有建筑的墙体上切取 150mm 的立方块试件，符合现在的一般取样要求，制作相对便宜，也便于进行强度比较。“30×60×90cm^3 的棱柱体”现在是没有单位做的，不但制作难度大，也不好运输和做抗压试验。

强度换算系数是考虑尺寸效应的影响，但由于试件切割有扰动，试件精度不易保证，自身强度低等因素，试件强度用于承载力验算可以不乘以换算系数。

3. 新筑墙体

试件的制作材料和夯实能量应基本与墙体的夯筑能量相当，否则不能代表墙体的强度。

以 28d 的抗压强度，作为土筑墙的抗压强度，估计是参照混凝土的规定来的。混凝土 28d 的强度已达到设计强度的 95% 以上，它是有一套材料规格要求和配合比计算方法作保证的。夯土试件的强度发展规律，没有人系统研究过。夯土上墙含水量的控制还是依靠“手握成团，落地开花”的经验，因此是规定不出 28d 强度的。从后面的工程可以看到，墙体含水率比试件高，墙体的 28d 强度达不到试件强度，墙体含水率达到平衡含水率后，估计比 28d 的试件强度还会高点。

在施工时每个阶段都多留几组抗压试件，除了 28d 的抗压强度，还根据施工的具体情况，掌握强度。同时，还测定试件和墙体的含水率，便于分析强度的发展情况。

2.4.2 土坯墙

1. 土坯强度

73《规范》要求：

附录二　砖石材料的规格尺寸及其标号的确定方法。

尺寸接近普通黏土砖的其他黏土砖和硅酸盐砖的标号确定方法与普通黏

土砖相同。

厚度大于5.3厘米的土坯，其标号的确定方法和厚度大于5.3厘米的空心砖相同，即用整块土坯的平压极限强度乘以0.8后的强度指标，作为土坯的标号。

2. 土坯砌体强度

土坯砌体的强度是与砖石砌体的方法一样，由块材强度与砂浆强度决定的，具体见本书第2.2.2节73《规范》附表1–2。

3. 试件、土坯及土坯砌体强度

长安大学王毅红教授团队做的《标准试件、土坯及土坯砌体强度关系研究》，为土坯砌体工程中的强度关系提供了很有意义的量化参考数据。试验采用边长100mm的立方体试件作为标准试件。土坯分为干湿两种，干打土坯的尺寸为370mm×240mm×60mm，湿制土坯的尺寸为310mm×150mm×100mm。砌体试件采用顺砌，灰缝厚度10mm，干打土坯砌体尺寸为560mm×240mm×780mm，湿制土坯砌体尺寸为470mm×150mm×560mm。

湿制土坯是向掺入稻草质量比为1%的土料中加水至含水率36%后，将拌和好的土料在模具内湿塑成型。干打土坯是向土料中加水至含水率16.2%后，将拌和好的土料填入模具中进行夯实。成型后的块材放置于试验室内养护28d后用于试验。土坯强度参照《砌墙砖试验方法》GB/T 2542—2012，锯成两半叠放试压。试件、土坯与土坯砌体强度及比值关系的试验结果见表2–4–1。[4]

试件、土坯与土坯砌体强度及比值关系　　　　表 2-4-1

状态	编号	截面尺寸（mm）	试件数	高厚比	抗压强度 f（MPa）	抗压强度比值
干打	$CS_{\_c}$	100×100×100	10	1.00	2.75	1
	$CS_{\_s}$	370×240×60	10	0.65	2.42	0.88
	$CS_{\_m}$	560×240×60	3	3.25	0.79	0.29
湿制	$MS_{\_c}$	100×100×100	10	1.00	1.08	1
	$MS_{\_s}$	310×150×100	10	1.33	0.78	0.72
	$MS_{\_m}$	470×150×560	3	3.73	0.56	0.52

2.4.3 不同尺寸试件强度比较

笔者从一坍塌的土坯墙上取回土块，用电热器烘干后，采用人工用锯切割，然后打磨成100mm×100mm×100mm立方体试块5个，150mm×

150mm×150mm 立方体试块 3 个，进行抗压强度比较。加工后的试件截面可以看到如下情况：

（1）土坯中撒入了石灰浆，因为试件表面是白点，而不是小块，见图 2–4–1（a），虽然土中事先加入了石灰，但塑性指数还是很大；

（2）个别试块中有明显的层间缝隙，见图 2–4–1（b）；

（3）有不完全密实的地方，加工后麻面的情况，见图 2–4–1（c）；

（4）有小动物在墙上打的孔洞，见图 2–4–1（d）。

以上这些现象也是夯土墙中常出现的情况。

（a）　（b）　（c）　（d）

图 2–4–1　生土墙体内的情况

（a）石灰浆的印迹；（b）层间铺垫不均；

（c）不密实情况；（d）虫打的孔洞

抗压试件试验前进行了含水率测定，含水率为 2%，试验情况和结果见表 2–4–2。这次试验 100mm×100mm×100mm 5 试块的抗压强度与 150mm×150mm×150mm 试块的抗压强度没有显著区别，接近 1MPa。是否需要乘以换算系数，笔者认为可不考虑。

土坯立方体抗压试验结果 **表 2-4-2**

序号	承压面尺寸（mm）	质量（g）	试件损伤情况	最大压力值（kN）	抗压强度（MPa）	备注	平均值（MPa）
1	100×97	1574	单面断层明显，横向裂纹	4.903	0.51	加荷速率过大作废	—
2	100×99	1628	顶面不平整，左右两侧高差 2mm，中部掉棱	8.970	0.91	—	0.99
3	100×98	1724	棱角部分掉落 3mm	10.119	1.03	—	
4	99×101	1739	左右两侧高差 4mm，不平整	10.877	1.09	—	
5	99×100	1663	无明显损伤	9.090	0.92	—	
6	149×149	5543	四周侧面直径 1.5mm 蜂窝，顶面不平整，高差 4mm	21.924	0.99	加荷速率过大	0.93
7	150×154	5713	顶面不平整 2.5mm	20.457	0.88	—	
8	149×150	5816	部分棱角掉落，顶面不平整 3mm	20.728	0.93	—	

3 土墙施工

3.1 土墙工程

土墙施工的方法和要求，国家施工标准只有1966年颁布过一次——《砌体工程施工及验收规范》GBJ 14—66（修订本），封面见图3–1–1（a）。国家建委的通知内容和时间，见图3–1–1（b）。“土墙工程”是其中的第四章。

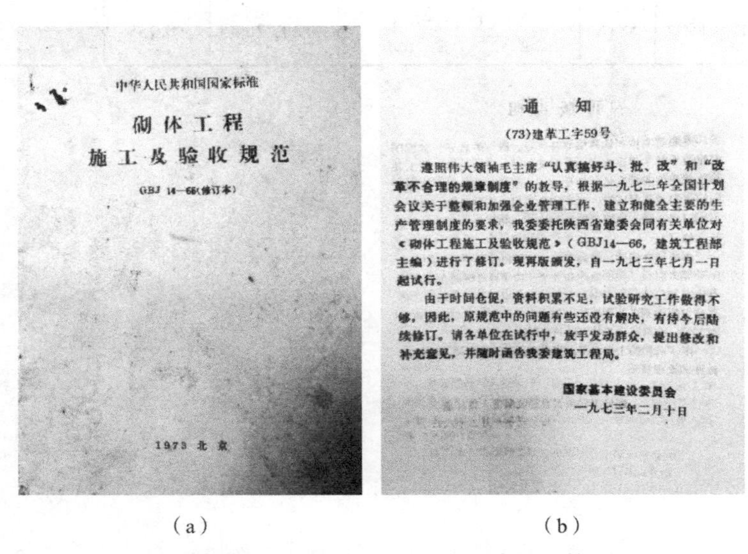

中华人民共和国国家标准

砌体工程

施工及验收规范

（GBJ 14—66（修订本））

1973 北京

通　知

(73)建革工字59号

遵照伟大领袖毛主席“认真搞好斗、批、改”和“改革不合理的规章制度”的教导，根据一九七二年全国计划会议关于整顿和加强企业管理工作、建立和健全主要的生产管理制度的要求，我委委托陕西省建委会同有关单位对《砌体工程施工及验收规范》（GBJ14—66，建筑工程部主编）进行了修订。现再版颁发，自一九七三年七月一日起试行。

由于时间仓促，资料积累不足，试验研究工作做得不够，因此，原规范中的问题有些还没有解决，有待今后陆续修订。请各单位在试行中，放手发动群众，提出修改和补充意见，并随时函告我委建筑工程局。

国家基本建设委员会

一九七三年二月十日

（a）　　　　（b）

图3–1–1　砌体工程施工及验收规范

（a）封面；（b）通知

1983年修编的《砖石工程施工及验收规范》GBJ 203—83删除了土墙工程一章。在编制说明中，删除理由是：“增删的主要方面是：（一）考虑到土墙一般属乡村建筑，地方性较强，可由各地区自行制定有关规程或规定，故删去了原规范中土墙工程一章。”

1966年版《砌体工程施工及验收规范》的“土墙工程”内容，是前辈砌体工作者们对我国数千年生土施工方法用于房屋建筑的总结，现在阅读起来，并不过时。为了对具有历史价值的生土建筑进行修缮时能参考借鉴，整个内容摘录于下，未作任何调整。按原有顺序分别为：第一节一般规定，第二节土筑墙，第三节土坯墙。

第一节　一般规定

第 1 条土墙房屋应建在地势较高或较干燥的地方，室外应能随着天然地形排除雨水。

注：本章所列土墙系指土筑墙和土坯墙。

第 2 条土墙的材料应根据就地取材的原则，采用亚砂土类、粉土类和亚黏土类，不应采用细砂、黏土或腐殖土。土中不应含有大于 2 厘米的硬土块。

在土中宜适当掺入其他材料。

土的适宜含水率一般为 12%～18%。

注：① 土墙所用材料的质量标准及检验方法，可不遵守本规范第三章的规定。

② 简易测定土质适宜含水率的方法为：用手一握成团，用手一捻即散。

第 3 条土墙的高厚比不宜大于 9，墙的自由长度不应超过 6 米。土筑墙的最小厚度不应小于 33 厘米，土坯墙的最小厚度不应小于 30 厘米。

第 4 条土墙每天的砌筑高度不宜超过 1.8 米。

第 5 条土墙的基础顶面应设防潮层。室内外地坪高度差不宜小于 20 厘米；勒脚高度不应小于 30 厘米。

基础和勒脚应采用砖、石砌成或灰土筑成。

第 6 条土墙房屋的外墙一般宜做护面层。屋面出檐尺寸不宜小于 50 厘米，室外四周应做明沟或散水。

注：土墙房屋外墙的护面层和内墙的粉刷，应在墙体干燥后方可进行施工。

第 7 条土墙砌筑完毕应及时做好屋盖。当可能遇雨时，对未做好屋盖的土墙，应及时在其顶部用草（或其他遮盖物）覆盖，以防雨水淋湿墙体。如被雨水淋湿时，应将湿软部分的墙体拆除后再继续砌筑。

第 8 条门窗过梁伸入墙内一般不小于 30 厘米。安装门窗过梁时，应在过梁与门窗框之间预留空隙，一般为 1～2 厘米。在梁、屋架和檩条的支撑处应设垫块。

第 9 条土墙在受冻前应停止施工。在停工期间，对土墙房屋不宜做屋盖，以防止墙体因单面解冻而导致倾斜或倒塌。

第二节　土筑墙

第 10 条筑墙用的模板应具有足够的刚度，以保证墙体在施工过程中不致产生变形。

在土筑墙纵向接头处，侧向模板（或夹板）应搭压在已筑完的墙体上至少30厘米。

第11条筑墙时应分层铺土，分层夯实。夯筑工艺和分层铺土厚度，应根据夯具和土质情况试夯确定。

第12条墙体上、下板宜相互错缝搭筑。墙的转角处和交接处宜相互错缝搭压，并同时夯筑。内外墙如不能同时夯筑，则高度差不宜超过2板（70厘米左右）。

第13条墙的转角处、交接处或临时间断处如不能错缝搭筑，可在先筑好的墙中挖出深10～15厘米、宽15～20厘米的竖向凹槽，再将后筑的墙体伸入此凹槽内与先筑的墙体紧密结合；或在先筑好的每板墙中设置3～4根竹筋或荆条，然后伸入后筑的墙体内。

第14条门窗洞口宜预先留出；也可在做完屋盖后再行开挖，但应预先设置门窗过梁。

注：① 固定门窗的木砖应在筑墙时预埋；

② 外墙门的周边宜用砖套加固。

第三节 土坯墙

第15条土坯墙所用的土坯规格尺寸，应根据便于制作和砌筑，并满足承载力和防寒隔热要求的原则确定。

注：湿打坯所用土的含水率可不受本规范第31条规定的限制。

第16条土坯砌体宜采用平砌或平侧砌相间两种砌法砌筑，不宜采用侧砌或立砌的砌筑方法。砌体的上、下皮应相互错缝搭砌，水平灰缝应用泥浆或砂浆填实。

第17条土坯墙的转角处或交接处，应相互错缝搭压并同时砌筑。内外墙如不能同时砌筑，则其高度差不宜超过1.2米。

第18条在土坯与砖的组合墙中，土坯砌体与砖砌体应同时砌筑，并每隔2～3皮土坯层用丁砖层与土坯砌体拉结砌合。

3.2 土料的鉴别与考察

3.2.1 野外鉴别

土是生土建筑最主要的材料。我国幅员广阔，土的类型各不相同，从外表上看到土的颜色，在很大程度上反映了固相的不同成分和不同含量。红色、黄色和棕色一般表示土中含有较多的三氧化二铁，并说明氧化程度较高；黑色表示土中含有较多的有机质或锰的化合物；灰蓝色和灰绿色的土一般含有亚铁化合物，是在缺氧条件下形成的；白色或灰白色则表示土中有机质较少，主要含石英或含高岭土等黏土矿物。当然，湿度会影响土的颜色的深浅，风干的土颜色比较浅，但是一般描述的是土在潮湿状态的颜色。

土的选择一般是人工野外鉴别，然后取回土样进行试验，确定其使用的可行性。土的野外人工鉴别方法，见表 3-2-1。

土的野外人工鉴别法 **表 3-2-1**

鉴别方法	黏土	亚黏土	轻压黏土
湿润时用刀切	有明显的光滑面，对刀刃有黏腻的阻力，切面非常规则	无光滑面，但切面仍平整	有明显的粗糙面
天然土浸入水中	呈现一块滑腻的胶体，不易分散，土块表面的颗粒有少量分散，在水中呈悬浮状态，使水浑浊，但不能辨出颗粒	起初黏聚一起，但经历少许时间后，略加搅拌即大部分分散，分散颗粒在水中有一部分可分别	浸水后数分钟自行分散，且大部分颗粒沉于水底，颗粒的存在易于识别
用手捏摸时的感觉	湿土用手捏摸有滑腻感，当水分较大时极为粘手，但感觉不到有颗粒的存在	仔细捏摸感觉有少量细粒，无滑腻感，仅有黏滞感	用手捏摸很粗糙，感觉到有细颗粒的存在，手捻时能听到声音
湿土搓条情况	能搓成小于 ϕ0.5mm 的土条，长度不短于手掌宽，手持一端不断裂	能搓成小于 ϕ2mm的土条，长 3～5cm，手持一端常会断裂	能搓成小于 ϕ3mm 土条，但容易断裂，故土条很短
黏着程度	湿土极易黏着物体（包括金属与玻璃），干燥后不易剥去，用水反复洗才会去掉	尚能黏着物体，但易于剥掉	不黏着物体，干后将土块击碎时呈散花状
干燥后的强度	强度很大呈坚硬固体，类似陶瓷碎片，用力锤击方可打碎，用手不易折碎，其断面有棱角，尖锐刺手	强度较黏土差，锤击时成很多小块稍有棱角，但较平钝，用手可拧断	强度很差，用手指可以捻成粉末，锤击时稍用微力即成粉末

土的简易鉴定方法，用目测法代替筛分法确定土粒组成及其特征；用强度、手捻、韧性和摇振反应，代替用液限测定细粒土的塑性。

确定土粒组含量时，可将研散的风干试样摊成一薄层，凭目测估计土中巨、粗、细粒组所占的比例，根据规定确定其为巨粒土、粗粒土和细粒土。

3.2.2 简易试验方法

1. 干强度试验

把潮湿的一小块土捏成土团，风干后用手指捏碎、扳断及捻碎，根据用力大小区分为：

（1）很难或用力才能捏碎或扳断者为干强度高。

（2）稍用力即可捏碎扳断者为干强度中等。

（3）易于捏碎和捻成粉末者为干强度低。

2. 手捻试验

把稍湿或硬塑的小土块在手中揉捏，然后用拇指和食指将土捻成片状，根据手感和土片光滑度可分为：

（1）手感细腻，无砂，捻面光滑者为塑性高。

（2）稍有滑腻感，有砂粒，捻面稍有光泽者为塑性中等。

（3）稍有黏性，砂感强，捻面粗糙者为塑性低。

3. 搓条试验

把含水量略大于塑限的湿土块在手中揉捏均匀，再在手掌上搓成土条，根据土条不断而能达到的最小直径可区分为：

（1）能搓成小于 1mm 土条为塑性高。

（2）能搓成 1～3mm 土条而不断者为塑性中等。

（3）能搓成直径大于 3mm 土条即断裂者为塑性低。

4. 韧性试验

把含水量略大于塑限的土块在手中揉捏均匀，然后在手掌中搓成直径为 3mm 土条，再搓成土团，根据再次搓条的可能性可区分为：

（1）能揉成土团，再成条，捏而不碎者为韧性高。

（2）可再成团，捏而不易碎者为韧性中等。

（3）勉强或不能揉成团，稍捏或不捏即碎者为韧性低。

5. 摇振反应试验

把软塑至流动的小土块，捏成土球，放在手掌上反复摇晃，并以另一手掌击此手掌，土中自由水渗出，球面呈现光泽，用两手指捏土球，放松后水又被吸入，光泽消失。根据上述渗水和吸水反应快慢可区分为：

（1）立即渗水和吸水者为反应快。

（2）渗水和吸水中等者为反应中等。

（3）渗水吸水慢及不渗不吸者为无反应。

3.2.3 取土考察

野外取土考察前，应对修建建筑的用土量有初步估计，不要在施工过程中发现土不够，再找土源，费时间、增加造价。夯土的取土距离修建建筑不宜太远，减少运输费用和造价。也不宜在耕地内取土，不符合国家的土地政策。取土宜选在较平缓的坡地，有道路的附近。

图 3-2-1（a）是一夯土建筑修复考察取土的地方。范围虽然不大，近地观察颜色，则有几种类型的土质，所以考察时应近距离观察。图 3-2-1（b）是把可能做夯土的材料用水湿润，采用手捻的方法初步了解土的塑性，确定取样进行性能试验的土。

（a）

（b）

图 3-2-1 取土样现场考察

（a）准备取土现场；（b）用水了解土的塑性

3.3 土的塑性指标

3.3.1 黏土的成分

自然界的土是由岩石经风化、搬运、堆积而成的。在这一过程中，矿物的成分发生变化，形成了许多新的矿物，如黏土矿物和各种氧化物，它们的性质不同于原始的矿物，其颗粒非常细，表面具有很强的活性，能与土中水发生物理化学作用，对土的工程性质具有极其重要的影响。这种性质不仅与土的颗粒大小有关，还与土的矿物成分有关。

黏土颗粒则主要由黏土矿物组成，代表性的黏土矿物是高岭石、蒙脱石和伊利石，黏土矿物的成分与含量不同形成了土的不同的工程性质。

高岭石 $Al_4(Si_4O_{10})(OH)_8$ 主要由长石、云母铝硅酸盐矿物经过风化作用而形成。通常呈致密块状或土状；多为白色，当混有其他杂质时，可以呈现灰黄、浅红、浅绿等色；土状光泽，硬度近于 1；相对密度 2.60；具有粗糙感。高岭石是比较稳定的黏土矿物，亲水性较弱，浸水时膨胀量不大，表面吸附能力也较低。我国景德镇产的瓷土，便是正长石风化后的产物高岭石。

蒙脱石通常呈白色或黄、绿、红等色的土状块体，常为极细的鳞片状晶体，它是黏土矿物中最细的一种；硬度 1；相对密度约为 2；一般颗粒极细，肉眼不易鉴定。蒙脱石具有很强的亲水性和可塑性，吸水时强烈膨胀。当土中含有较多的蒙脱石时，会产生过大的黏着性和可塑性，强烈的干缩与湿胀，水稳定性很差。

伊利石也称伊利水云母，为鳞片状或薄片状的白色块体；有油腻感；通常与高岭石及其他矿物混合，时常出现在白云片岩、片麻岩等风化而成的黏土中。伊利石的性质介于蒙脱石与高岭石之间，是一种过渡性的矿物。

黏土根据黏粒含量比例的不同分为：砂、砂土、砂质黏土、黏土和重黏土五类。在这五类土中，砂和砂土黏聚力差，不易成型；黏土和重黏土黏性好，但收缩大，墙体裂缝多，含水量不易控制；砂质黏土作为夯土材料比较好。土应根据就地取材的原则，采用轻亚黏土和亚黏土，其中以亚黏土为好。不应采用细砂、淤泥和腐殖土。土块要破碎、过筛，最大粒径不应超过 2cm。

图 3-3-1（a）是两层外廊式房屋的端部外墙。房主人告诉笔者，先是选用墙底部的土料夯筑，夯筑到墙身高的一半左右时，发现不对头，收缩量大、裂缝大，拆了上部的墙体，重新找土料筑成的。从现在的夯土墙面看，墙体没有沉降引起的裂缝、倾斜变形、表面严重风化等现象，墙面裂缝是修建时的收缩裂缝，比较多、不连贯。墙面情况说明，房屋虽用了近 50 年，墙体裂缝不影响房屋的正常使用。墙体底部夯土的颜色与上部不同，表明是两种土料，见图 3-3-1（b）。在两者交接部分的裂缝有如下规律：上部的裂缝比下部少，没有下部裂缝宽，上部的裂缝总是与下部裂缝对应的，说明上部的收缩量比下部小。这一工程案例说明，在施工过程中发现使用的土料不符合要求时，要立即采取措施，避免造成更大损失。

（a）

（b）

图 3-3-1　土墙上部和底部土料不一样

（a）土墙墙面外貌；（b）夯土墙下部情况

3.3.2 黏土的塑性

可塑性是黏性土区别于砂土的重要特征。可塑性的大小用土处在塑性状态的含水量变化范围来衡量，从液限到塑限含水量的变化越大，土的可塑性就越好。而土的这一性能变化，在高大钊、徐超、熊启东编著的《天然地基上的浅基础》[5]一书中有生动的描述，摘录如下：

“土从泥泞到坚硬经历了几个不同的物理状态。含水量很大时土就成为泥浆，是一种黏滞流动的液体，称为流动状态；含水量逐渐减少时，黏滞流动的特点渐渐消失而显示出一种奇特的性质，称为塑性。所谓塑性就是指可以塑成任何形状而不发生裂缝，并在外力解除后保持已有的形状而不恢复原状的性质。黏土的可塑性是一个十分重要的性质，对于陶瓷工业、农业和土木工程都有重要的意义。当含水量继续减少时，则发现土的可塑性逐渐消失，从可塑状态变为半固体状态。如果同时测定含水量减少过程中的体积变化，则可发现土的体积随着含水量的减小而减小，但当含水量很小的时候，土的体积却不再随含水量的减小而减小，这种状态称为固体状态。

从一种状态变到另一种状态的分界点称为分界含水量，流动状态与可塑状态间的分界含水量称为液限；可塑状态与半可塑状态间的分界含水量称为塑限；半固体状态与固体状态的分界含水量称为缩限。塑限和液限在国际上称为阿太堡（Atterberg）界限，来源于农业土壤学。”

黏土的液限、塑限、缩限可以在现场取土样送到试验室进行检测，也可在现场通过简易方法进行初步判定。现场简易方法在前面已介绍。

塑性指数是液限减塑限而得到的值。塑性指数是反映土的粒度成分和矿物成分的综合指标，组成土的颗粒越细，次生矿物的含量越多，土的塑性指数越高，其黏聚力越高，内摩擦角就越小，其他的工程性质也随之而变化，是一个比较敏感的指标，因此在土力学中将塑性指数作为土的特征指标。

黏性土分为粉质黏土和黏土两个亚类，粉土和粉质黏土的分类界限为塑性指数等于10，粉质黏土和黏土的分类界限为塑性指数等于17。

3.3.3 夯土的塑性

为了了解既有建筑生土墙体中土的塑性与最佳含水率情况，此次试验共选取四个土样。第一个土样取自重庆涪陵土坯墙，见图3-3-2（a）。另外三个土样是在西藏自治区昌都地区取的。取样原因是重庆市住房和城乡建设委员会于2016年给笔者和杨建伟（后在昌都以身殉职）下达了《昌都古旧建筑研究与保护》的科研课题，主研单位为昌都市住房和城乡建设局和重庆市建筑科学研究院有限公司。目的是了解昌都地区夯土墙体土的性质，以便考虑旧建筑的修复。课题组的调查人员，在昌都市卡若区生格村寻找森格宗城堡遗址，取了一个土样，见图3–3–2（b）。据当地老百姓介绍，该城堡历时80多年，耗费大量的人力、物力所建，具体修建年代不详，但在完成城堡的建造时，昌都强巴林寺尚未修建，故推断该城堡的始建年代要比强巴林寺建寺的1444年早，也就是说，距今已有500多年。图3–3–2（c）和图3–3–2（d）分别取在昌都芒康县如美镇百年藏寨一户民居屋顶正在用的土和拉乌村民居残留的夯土墙体。

（a）　（b）

（c）　（d）

图3–3–2　土样取土现场

（a）重庆涪陵土坯墙；（b）昌都市森格宗城堡；

（c）昌都芒康民居屋顶；（d）昌都芒康残留夯土墙

四个土样分别取的地区和建筑部位，以及进行的土工试验项目见表3–3–1。液限塑限结果见表3–3–2，击实试验结果见3.5节击实试验案例。

不同土样的土工试验项目　　表 3-3-1

取样地点	建筑部位	样品编号	液限塑限	击实试验
重庆涪陵土坯墙	坍塌墙体	T1	√	√
昌都森格宗城堡	残墙	T2	√	√
芒康县如美镇民居	屋顶	T3	√	—
芒康县如美镇民居	遗弃墙体	T4	√	—

四个土样的液限和塑限试验见表 3–3–2。根据得到的塑性指数，分别为黏土、粉土和轻亚黏土。现在也有把土分为两类，塑性指数大于 17 的为黏土，小于 17 的为粉土。样品编号 T1 中虽然掺加了石灰，但是塑性指数还是很大。

土样液限和塑限联合测定检测结果　　表 3-3-2

样品编号	液限 W_L（%）	塑限 W_P（%）	塑性指数 I_P（%）	塑性指数分类
T1	45.4	19.5	25.9	黏土
T2	21.0	12.4	8.6	粉土
T3	25.0	13.9	11.1	轻亚黏土
T4	31.2	18.3	12.9	轻亚黏土

从表 3–3–2 可以看出，编号 T1 的土，属于高塑性黏土，做夯土墙的材料显然是不恰当的，而房主选择了做土坯砖的材料修建墙体，这是合理的选择。中塑性土适宜做夯土墙，如编号 T2 和 T4 的土样，是经过至少数十年、甚至数百年的风雨。T3 是藏居平屋顶的土样，笔者原以为用的是高塑性黏土，防渗水，结果发现采用的是中塑性黏土。土样的含水率试验值见 3.5 节。

3.4 传统使用材料

3.4.1 改性材料

改善夯土的性能，主要是降低黏性土的可塑性，使过软的土料变硬，减少干缩变形量，减少裂缝，适用于夯筑墙体使用。土添加材料后性能的改变，可以用塑性指数来评价。土按塑性指数分类为：高塑性黏土，塑性指数大于 15；中塑性黏土，塑性指数在 7～15 之间；低塑性黏土，塑性指数小于 7。

以前，改善夯土的性能主要是在土中掺加石灰、骨料、糯米浆，提高强度，增强收缩。在墙中铺设竹条，增强整体性。现在，也有在土中掺水泥、土壤固化剂等材料提高土固结的强度，这些材料将在后面章节介绍。

1. 石灰

石灰是夯土中传统的添加材料，石灰加入土中后，土的性质和结构发生变化，开始是絮凝和絮聚，随后黏土颗粒就形成粗粉粒状的较大颗粒。这种变化使土的塑性指数降低，后期强度、抗水性、抗冻性得到提高。此外，由于生石灰与土中水分化合，而吸收土中水分，土料中含水量迅速大幅度下降，因而可以达到降低土料含水量的目的。

石灰是夯土中常掺加的改性材料。石灰的生产原料为石灰石，主要成分是 $CaCO_3$。石灰石在 900～1100℃煅烧得到生石灰，主要成分是 CaO。生石灰加水变成氢氧化钙即熟石灰，其化学反应见下式：

$$CaO + H_2O \rightarrow Ca(OH)_2 + 64.85kJ/mol$$

熟化过程特点：放出大量热，体积膨胀 1.5～3.5 倍。根据加水量的不同，石灰熟化的方式又分为石灰膏和消石灰粉两种。加入石灰体积 3～4 倍的水生成石灰膏，加入石灰体积 60%～80% 的水生成消石灰粉。石灰膏在工地上用生石灰块生产，消石灰粉可直接购买。现在建筑行业消石灰标准为《建筑消石灰》JC/T 481—2013。石灰等级的技术要求，见表 3-4-1。

石灰等级的技术要求 **表 3-4-1**

石灰种类		生石灰块			熟石灰粉		
石灰等级		Ⅰ	Ⅱ	Ⅲ	Ⅰ	Ⅱ	Ⅲ
有效氧化钙和氧化镁含量（%）不小于		90	75	60	70	60	50
未熟化颗粒（大于 6mm）含量（%）不大于		10	12	14	10	12	14
细度筛余量（%）不小于	900 孔	—			3	5	7
	4900 孔	—			10	15	20

一般应尽量选用氧化钙及氧化镁含量较高的石灰。选用的石灰宜在生产后不迟于三个月使用。

石灰膏的工地制作方法是在工地上适当的地方砌筑一个阶梯形洗灰池，见图 3-4-1（a）。把生石灰块堆放在最上一格的池子里，放水让生石灰与水发生反应生成熟石灰浆，流入下一个池子沉淀“陈伏”熟化成膏，见图 3-4-1（b）。杂质和过火石灰留在原池中，以免影响灰膏的质量，即“洗灰”。

(a)

(b)

图 3-4-1 洗灰池和石灰膏

(a)生石灰洗灰池;(b)制得的石灰膏

消石灰粉一般用袋装，运到工地后一定要防潮、密闭，以免碳化后结块不能使用。消石灰必须充分消解、过筛。不得使用未消解的块灰和已经硬化了的石灰。图 3-4-2(a)是开包后的消石灰粉；图 3-4-2(b)是掺水搅拌好待用的石灰膏。

(a)

(b)

图 3-4-2 消石灰粉和石灰膏

(a)开包后的消石灰粉;(b)搅拌后的石灰膏

石灰土的强度在一定范围内随其含灰量增多而增大，但若超过一定限度，含灰量过大，其强度反而有所降低，裂缝宽度增大。石灰加入夯土中的掺量与土质和石灰中的有效氧化钙含量有很大关系，可以通过试验确定，或根据经验掺加。石灰土是一种缓凝慢硬材料，适合传统施工工艺。沿海地区也有贝壳代替石灰的做法。

在公路垫层、基层施工中，石灰土按掺入石灰的数量，可分为以下四类：微量石灰土，含灰量不大于 4%；低剂量石灰土，含灰量 4%～8%；一般剂量石灰土，含灰量 8%～12%；高剂量石灰土，含灰量大于 12%。当然，掺量应根据土的性质、其他掺料的量确定。

灰砂土的拌和：石灰必须事先消解好，灰砂土按比例配合，然后洒水，用机械、人工或畜力均匀拌和后，成堆湿闷 2～3d 即可使用。

另一种方法是，在料场按一定的间距挖孔，孔深根据每次使用量而定，然后将生石灰灌入挖好的孔，停置一定时间，即可开挖拌和使用。

2. 骨料

添加骨料可以减少黏土用量，改善夯土的性能，增加墙体的强度，减少墙体干缩量和裂缝的数量。常用的骨料包括砂、石、炉渣、碎砖、瓦砾等。骨料的选择应注意以下问题：

（1）添加的粗骨料粒径不宜过大，应不大于 50mm，并且应注意有较好的级配，以保证夯土的密实性能。

（2）砂以用中砂、粗砂为好。

（3）炉渣、碎砖、瓦砾等自身的强度应大于土墙的强度要求，并且颗粒形状不应为扁平状，容易剥离，微裂缝易于生成。

（4）土中骨料的添加量可以通过试夯确定。

图 3-4-3（a）是笔者到四川泸县考察龙脑桥石刻，看见附近一农舍，屋盖已拆除，但墙体规则、基本完整，墙面裂缝少、宽度多数较小、长度不大。观察墙体，夯土层间放有竹条。墙体内碎石含量高，0.5～2cm 的碎石与土的体积比估计为 2∶3，见图 3-4-3（b）。这是墙体裂缝较少、宽度较小，墙体强度较高的最主要原因。

（a）

（b）

图 3-4-3 失去屋盖的夯土墙体

（a）墙体现状及菜地；（b）墙体的截面

3. 植物纤维

土坯中不掺入其他任何材料，就是一个土块。土块抗冲击性能差，遇水、潮湿时的变形性能很差，也容易破碎。因此，必须添加其他材料尽量克服以上不足，才能适宜在建筑中使用。

土坯中添加的材料必须好找、量大，具有一定强度和韧性，价格便宜。而这些要求，自然界中的芦苇、稻（麦）草等谷类作物的茎秆，以及一些植物的根茎可以满足。

植物根茎切短后掺和在制作土坯的料中。添加的植物纤维对土坯的抗压强度提高作用不大，并有可能使其出现强度降低的现象，但对抗剪和抗折强度有明显提高。这主要依赖于植物纤维材料具有较强的韧性，可明显提高生土材料的抗变形能力。

意大利在近几年也开始对生土建筑开展研究。最近，艾克萨（Acheza）等人在对本土生土建筑的稳定性能做出分析总结的基础上，提出并研究了在水作用下生土建筑的各项性能。实验表明，由海藻、甜菜根和番茄根部的纤维所组成的天然聚合剂可使得生土材料浸泡在水中 8d 而不分解，而对于使用其他聚合剂或不使用聚合剂的材料，则会在浸泡达数十分钟至 3h 之间瓦解。此外，抗腐蚀性实验也表明，添加了天然聚合剂的生土材料的稳定性能比添加其他聚合剂高 75%。[6]

南非博茨瓦纳大学的艾尔弗雷德（Alfred）在芬兰斯奈克（Sneck）等人研究的基础上，通过在不同的生土材料中加入不同比例的植物蔬菜纤维，例如西沙尔麻、竹片等，发现生土材料的抗压强度、吸水性能、耐候性能将会有显著的提高；根据当地风俗，只要不是在过于潮湿的环境下，牛粪充当聚合剂可有效地减少墙面裂缝的产生，提出了在生土材料中加入牛粪进行改性研究。此外，进行了关于用石灰和沥青对生土进行改性的一系列实验研究，得出石灰含量在 15% 以上的改性材料具有较强的抗压能力，而用沥青进行改性的生土材料浸泡在水中 24h 之内虽然不会瓦解，但会在其表面产生较大的裂缝等结论。[7]

4. 糯米浆

自然界中有些具有很强粘结性的材料，糯米煮制的浆液是其中的一种。把它掺入其他材料中，拌和均匀固化后还有较高的强度。此外，糯米产量较大，获取较容易，成本较低，因此在古时候经常用于一些重要建筑工程，掺入砂浆和夯土中，一直沿用至今。

糯米的主要成分是淀粉，含量为 75%～77%，糯米掺水熬制成糊状，将糯米浆过滤，除去不溶物，取上层浆液，等体积取代水，在夯筑前与其他材料拌匀使用。糯米浆在夯土中的作用尚不明确，但采信度较高的有三条：

（1）糯米浆的作用类似于现在的土壤固化剂，浆液在低温条件下会固化，这能一定程度地减少夯土中的自由水，降低夯土的塑性，提高土体的稳定性；

（2）糯米浆不同于纯水，干燥固化形成的淀粉粒能够填充于土颗粒间的微小缝隙中，提高土体的密实度和强度；

（3）糯米浆对 CH 碳化反应生成 $CaCO_3$ 晶体的生长过程有明显的调控作用，它限制了方解石的结晶度，使粒度变小，结构更加致密，加上糯米淀粉的粘结和协同作用，糯米－石灰浆整体强度、韧性和封闭作用大为提高。

3.4.2 三合土

三合土古时就有使用，《天工开物》中曾记载："灰一分入河砂，黄土二分，用糯米、羊桃藤汁和匀，经筑坚固，永不隳坏，名曰三合土。"三合土常用于建筑的基础、地坪、土坯和夯土墙的墙体等部位。

三合土一般是用石灰、石子、土，石灰、砂、土，石灰、煤渣、土等三种材料混合而成。配合比可根据强度要求，结合当地材料来源及土质具体情况结合工程经验，或通过试验确定。

我国 20 世纪 80 年代前，一些地区灰砂土配合比如下：南京地区采用石灰、石屑和黏土，其体积比为 1∶0.5∶4 或 1∶1∶4；陕西省采用石灰、天然级配砂土及黏土，其体积比为 1∶1∶4 及 1∶0.67∶5.3；南昌地区用石灰、砂土及亚黏土，其体积比为 1∶1∶4 及 1∶1∶6；黑龙江省用石灰、水泥和黏土，其体积比 1∶0.25∶7；广东省的经验是石灰与砂土的配合比在 1∶4～1∶6 之间较好，而石灰、砂及黏土为 1∶2∶4 时强度最高。如掺入 2%～5%（重量比）的少量水泥，可显著提高夯筑墙的早期强度。

【案例】三合土土楼

图 3–4–4（a）是一庄园土楼，取名"陶园"。该土楼高 4 层，占地面积约 $100m^2$，墙体从下往上逐层变薄，一层墙体厚 500mm，二层墙体厚 400mm，三层墙体厚 350mm，四层墙体厚 300mm。建于 1941 年 6 月，距今已有 81 年，笔者考察时正在进行维修。

从门额的题字、雕花以及门枋两侧的雕刻对联来看，应是主人招待宾客、登高望远的楼阁。但从门窗的设置来看，又有碉楼的防御功能。

图 3–4–4（c）是大门入口，两侧门框上雕有对联，"登斯楼好观群山峻岭，入其座可赏明月清风"，一派风和日丽的太平景象。但其实，此时正值抗日战争，重庆作为陪都，日本轰炸非常猛烈。该楼距重庆朝天门直线距离约 39.4km，与城里水深火热相比，这里应是世外桃源之地。

据当地老人介绍，在距该楼 10 余里的地方是烧制石灰的窑群，将石灰窑的炉渣挑来，与土混和就成了夯筑墙体材料。图 3–4–4（b）是墙体的三合土块，可以看到它是由石灰颗粒、煤渣和土组成的，从墙体上打下的土块不松散，表明强度较高。

外墙下部抹灰已经脱落，检查脱落抹灰的墙面，没有发现墙体的收缩裂缝，检查室内墙面发现只有几条裂缝，说明该建筑三合土墙体的收缩裂缝很少。当然与材料和配合比有很大关系，但此墙体石灰多是很重要的因素。墙体底部风化、损伤较严重，主要是受水的影响。

室内二、三楼部分木楼板拆除后正在整修，四楼楼板还没有拆除，见图 3–4–4（d）。内墙抹灰基本没有脱落，也没有看见墙体裂缝，包括木梁下的局压部位也没有裂缝，也表明三合土的强度较高。纵横墙交接处墙体间没有贯穿的长条裂缝，表明墙体收缩小，施工质量好。

（a）　　（b）

（c）　　（d）

图 3–4–4　三合土土楼墙体

（a）“陶园”门额雕塑；（b）墙体的三合土块；
（c）大门入口和墙体；（d）室内木楼板拆除

该楼选料适当，做工精细，有文化品位，有深层故事；80 多年来经受了各种意外因素作用，仍保持了良好的整体性能；木梁、木屋架、楼梯基本完好，可以继续使用；参照现在标准可以评为 Cu 级，维修后就能正常使用。

3.4.3 竹木材料

1. 竹筋

竹子在建筑中的使用虽然源远流长，但用现在的科学方法研究使用竹子，还是 20 世纪 20 年代的事情。因竹子强度高、生长范围广、产量大，在 20 世纪五六十年代，因缺少钢材，为降低工程造价，竹材被用于大跨度屋架建造，在混凝土构件中代替钢筋使用。

在《屋顶竹结构》[8] 和《现代竹木结构》[9] 中，列出了竹子力学性能试验结果，见表 3-4-2。其中，《现代竹木结构》中的试验结果是 6 年毛竹的平均值。

竹子力学性能试验结果一览表 **表 3-4-2**

资料来源	《屋顶竹结构》				《现代竹木结构》
	余仲奎	苏联	清华大学	中国建筑科学研究院	南京林业大学
竹种来源	川产楠竹	毛竹	浙江毛竹	毛竹	毛竹
试验年份	1930 年	1948 年	1955 年	1955 年	2000 年后
顺纹抗压强度（MPa）	54.2	66.2	76.2	76.0	77.8
顺纹抗拉强度（MPa）	187.0	153.0	184.2	146.9	273
弯曲强度（MPa）	114.0	118.0	151.7	—	169.1
顺纹抗剪强度（MPa）	13.2	11.7	15.6	14.0	16.6
弯曲弹性模量（MPa）	10550	12550	12622	—	—
压力弹性模量（MPa）	—	12750	2690	—	—

从表 3-4-2 中可以看到，虽然试验的单位不同，时间跨度很大，试验方法也许有差异，但竹材的顺纹抗拉强度很高是一致的。竹子的柔性性能好，容易砍伐搬运，加工成竹条场地简单方便，放入夯土墙体中没有钢筋生锈引起的耐久性问题。因此，直到现在也不失为是用于夯土建筑中的好材料，应该继续使用下去，不能只认为钢筋和混凝土才是好的。

毛竹的木质素集中于表皮层约 1/4 竹壁厚度内，其余部分含量很少，因此，竹材的抗拉性能高是它的表层部分。竹子通过手工锤击或辊压疏解成条后，顺竹条破开分成薄片，见图 3–4–5（a）。表层的竹片因为强度高，柔韧性好，用于受力构件或编织器具，也适于作为竹筋放入夯土墙中。其余薄片也可编成竹席用作竹屋墙体、围隔、卷材等，见图 3–4–5（b）。这是笔者 2019 年到缅甸考察拍摄的。

（a）

（b）

图 3–4–5 竹子的加工与利用

（a）开竹条；（b）竹屋、围栏、卷材

当然，竹子也存在不少缺点，但是，这些缺点不影响其在夯土墙体中的使用。竹子为各向异性材料，竹壁中的管束沿顺纹方向生长，缺少横向约束，造成横向抗拉强度低。而竹条埋于夯土墙中没有考虑利用横向强度，若在墙体转角处竹筋的受力方向改变了，通过竹条绕环的方式锚固，改变其受力方向，就能满足使用需要。

竹子的耐候性差，在阳光直射、潮湿环境作用下会变形，老化快，并且竹子和木材一样遇火会燃烧。而竹筋是在夯土墙体中，受到土体的防护。在一些破损的夯土墙体中可以看到竹筋还基本完好，因此可以不考虑应对上述环境的相应措施。当然，竹筋在放入夯土墙体前必须进行防腐防虫的处理。

现在竹材防虫腐蚀的方法有很多，这里就不列举了。下面介绍几种我国民间常用的较为简易的竹材防虫腐蚀处理方法，以便了解和使用。

烟熏法：传统物理处理方式。利用烟气、温度对竹材进行处理，使竹材在物理、化学和生物学特征上发生变化。经烟熏处理的竹材对腐朽菌和霉菌基本不感染，材料性状稳定。

蒸煮法：传统的化学处理方式有很多种，各地的配方也不尽相同。如，100 份水加 1.5 份明矾，将竹材置入溶液蒸煮 60min，取出后晒干备用。夯土墙使用的竹材最好制成条后再进行蒸煮，效果更好，更方便。

浸水法：将竹材及制品放在流水活水中浸渍一段时间，使表层可溶性糖和内部其他营养物质溶出，从而去除竹秆中的营养物质，杀灭菌虫，达到防霉效果。

2. 木材

木材索取便宜，轻质高强，柔韧性好，便于加工成型，组成的构架具有很强的张显力，自古以来就用作与土合作搭建居室。木材在生土建筑中以两种形式出现，一种是以木结构房屋与生土墙体组合，另一种是以受力构件的形式出现。木材以枋的形式制作成楼面、屋面、门窗过梁，传递上部荷载。用木枋或圆木做成墙体中的圈梁，增加墙体的整体刚度和变形协调能力。把圆木或木条在墙体夯筑施工时埋入其中，约束墙体的变形。

我国部分常用树种的木材主要物理力学性能列于表 3–4–3 中。一般情况下，阔叶树材的气干表观密度、强度和抗弯弹性模量要高于针叶树材。气干表观密度大的树材，强度要高些，抗弯弹性模量要大些。

部分常用树种的木材主要物理力学性能　　表 3-4-3

树种名称		产地	气干表观密度（g/cm^3）	顺纹强度（MPa）		抗弯（MPa）	顺纹抗剪强度（MPa）		抗弯弹性模量（$\times 10^2$ MPa）
				抗压	抗拉		径向	弦向	
针叶树材	杉木	湖南	0.371	37.8	77.2	63.8	4.2	4.9	96
		四川	0.416	36.0	83.1	68.4	6.0	5.9	96
	红松	东北	0.440	33.4	98.1	65.3	6.3	6.9	100
	马尾松	湖南	0.519	44.4	104.9	91.0	6.7	7.2	—
	落叶松	东北	0.641	57.6	129.9	118.3	8.5	6.8	145
	云杉	四川	0.459	38.6	94.0	75.9	6.1	5.9	103
	冷杉	四川	0.433	35.5	97.3	70.0	4.9	5.5	100
阔叶树材	柞栎	东北	0.766	55.6	155.4	124.0	11.8	12.9	155
	麻栎	安徽	0.930	52.1	155.4	128.6	15.9	18.0	168
	水曲柳	东北	0.686	52.5	138.1	118.6	11.3	10.5	146
	白桦	黑龙江	0.607	42.0	—	87.5	7.8	10.6	112

从表 3–4–3 可以看到，由于木材的不均质性，使其强度具有异向性的特点，即使木材的树种、产地、品质和受力种类都相同，但力的作用方向与木纹方向之间的角度不同，它的强度仍有很大差别。为了便于理解和利用，不同木纹方向受力形式的各强度大小关系，列于表 3–4–4。

不同木纹方向受力形式的各强度大小关系　　表 3-4-4

抗压		抗拉		抗弯	抗剪	
顺纹	横纹	顺纹	横纹		顺纹	横纹切断
1	1/10～1/3	2～3	1/20～1/3	1.5～2	1/7～1/3	1/2～1

比较表 3-4-2 和表 3-4-3 中竹材和木材的力学性能数据，虽然试验方法和取值有一些差异，但竹材的强度不比木材差。

3.5 夯实原理和夯筑成型

3.5.1 土中的水

土修筑水坝、道路、城墙、房屋的基础和墙体至少已有数千年的历史，但将土的力学性质作为一门学科进行研究，指导工程应用还是近百年的事情。由于土力学的出现和完善，使工程建设的规模得到长足的发展。

现在，大坝、道路、建构筑物的地基都采用土力学原理的公式进行设计计算，分析以判断是否满足使用要求。而大型的压路机、振动碾、重型强夯、水夯技术又能实现设计的密实度要求。虽然夯土墙体是地上建筑，截面尺寸小，夯击能量低，但仍然可以用土力学原理指导施工，而现在仍采用“手握成团，落地开花”的人工方法，显然是不妥当的，我们用土力学的观点进行分析。

土一般由固体颗粒、水、空气组成。土中固、液、气三相组成的比例反映干湿、密实程度，是夯筑施工以及土坯制作的重要依据。

土的液相是指土孔隙中存在的水。通常认为水是中性的，在零度时会冻结，但实际上土中水是成分十分复杂的电解质水溶液，它和亲水性的矿物颗粒表面有着复杂的物理化学作用。按照水与土相互作用程度的强弱，可将土中水分为结合水和自由水两大类。

结合水是指土颗粒表面水膜中的水，受到表面引力的控制而不服从静水力学规律，冰点低于零度。结合水又可分为强结合水和弱结合水。强结合水在最靠近土颗粒表面处，水分子和水化离子排列得非常紧密，以致密度大于 $1g/cm^3$，并有过冷现象，即温度降到冻结点以下不发生冻结的现象。在距土粒较远的地方，由于引力降低，水分子的排列不如强结合水紧密，水分子可能在渗附压力差作用下从较厚水膜或浓度较低处缓慢地迁移到较薄的水膜或浓度较高处，亦即可从一个土粒迁移到另一个土粒，这种运动与重力无关，这层不能传递静水压力的水称为弱结合水。

自由水包括毛细水和重力水。毛细水不仅受到重力的作用，还受到表面张力的支配，能沿着土的细孔隙从潜水面升到一定高度。这种毛细上升现象是公路路基冻胀翻浆及建筑物返潮的主要原因。重力水在重力或压力差作用下能在土中渗流，对于土颗粒和结构物都有浮力作用，当水头差较大时，在渗流出露处发生渗透破坏。

3.5.2 最优含水量

从水在土中的不同性质和作用分析，修建生土建筑时的夯土，并不是含水量越少越好。土中的含水量太少，可塑性差，成本费用高，夯筑效果差，甚至建造出的建筑不能使用。在土木工程中，一般采用夯筑后密实度最大的土，也就是能达到最大干密度。而能达到最大干密度时的含水量称为土的最优含水量。

图 3–5–1（a）是一个土的干密度与含水量的关系曲线。当黏性土的含水量较小时，水化膜很薄，以结合水为主，粒间引力较大，在一定的外部压力作用下，还不能有效地克服这种引力而使土粒相对移动，所以这时的压实效果比较差，土的干密度也较小。当增大土的含水量时，结合水膜逐渐增厚，颗粒间引力减小，土粒间在相同的压实能量条件下易于移动而挤密，压实效果较好，得到的土的干密度也较大。但土的含水量增大到一定程度后，孔隙中出现了自由水，这时结合水膜的扩大作用并不显著，引力作用极其微弱，而自由水充填在孔隙中，阻止了土粒间的移动作用，并随着含水量的增加而逐渐增大。在夯击压实的瞬间，孔隙中过多的水分不容易立即排出，阻止了土粒间的靠拢，压实效果反而下降。因此，在一定压实能量下，在某一含水量下将获得最佳夯实效果。

在一定压实能量下不同类型土的最大干密度及最优含水量不同，一般黏粒含量多的土，最大干密度较小，需要的压实能量较大，其最优含水量较高；粗粒土反之。土粒相对密度大的土，干密度大；土粒相对密度小的土反之。图 3–5–1（b）为黏土、粉质黏土和粗砂的击实试验曲线。从图中可以看到，黏土的最大干密度最小，最优含水量最大；粉质黏土较黏土最大干密度大，最优含水量小。砂用于土坝建筑中是可行的，但不宜用于房屋建筑。夯土房屋采用粉质黏土，不但比采用黏土省工，墙体收缩量要小许多，相应裂缝也要减少。所以，修建夯土墙房屋时一般宜采用粉质黏土。

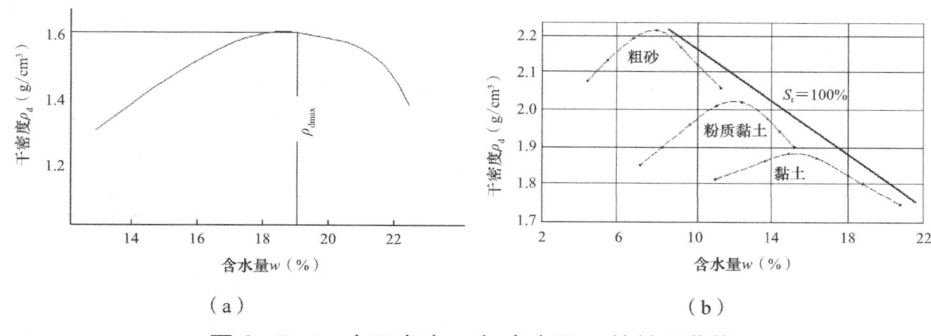

（a）　　　　　　　　　　　　（b）

图 3-5-1　土干密度 ρ_d 与含水量 w 的关系曲线

（a）一个土的击实试验曲线；（b）不同土料的击实试验曲线

3.5.3　击实试验

如果改变夯实能量，则曲线的位置会发生变化，如图 3-5-2（a）所示。随着夯实能量的不断增大，曲线位置不断向上移动，即土的最大干密度增大，最优含水量减少。因为压实功能越大，越容易克服粒间引力，所以在较低含水量下可达到更大的密实度。现场施工时，若采用人工夯实，同一人使用的力量越大，获得的密实度就越高。

根据土粒料的不同粒径，不同施工方式，需要采用不同击实试验的数据。图 3-5-2（b）从右到左三台不同功能击实仪，型号分别是 BKJ- Ⅲ型和两台 BZYS-4212 型。照片下部有三台仪器的击实筒，其中 BKJ- Ⅲ型正在进行击实试验。三台仪器的功能数据见表 3-5-1。

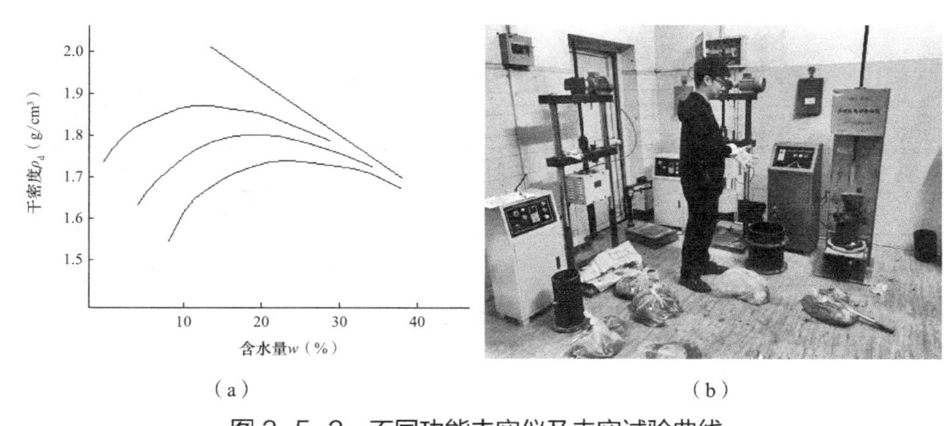

（a）　　　　　　　　　　　　（b）

图 3-5-2　不同功能击实仪及击实试验曲线

（a）从上到下增大压实能量曲线示意图；（b）不同功能的击实仪

三种土工重型击实仪的名称及性能　　　　表 3-5-1

仪器型号	BKJ- Ⅲ型	BZYS-4212 型
仪器名称	多功能电动击实仪	表面振动压实仪

续表

仪器型号	BKJ- Ⅲ型	BZYS–4212 型	
功能	重型击实	无黏聚性自由排水	
土粒径范围（mm）	≤ 40	≤ 5、10、20	40、60
试筒内径（mm）	152	152	280

水利工程的土坝填料、道路工程路基的填料与夯土墙的土料粒径大小不相同，水利工程和道路工程是用大型机具施工，而夯土墙是采用小型机具或人工夯实，因此，采用相同夯击能量找土料的最大密实度和最优含水量是不妥当的。土坝、道路应采用重型击实仪试验获得相应的数据，夯土墙可采用轻型击实仪试验获得相应的施工控制数据。

现场施工的土料，粒径大小不一，含水量和铺填厚度又很难控制完全均匀，因此实际压实土的均质性存在差异。由现场土料在试验室获得的最大密实度和最优含水量用于现场检测时，最大密实度有一个折减系数（即压实系数），如达到 95% 就满足要求。施工时墙体含水量在最优含水量 ±2% 范围内就满足要求。

3.5.4 击实试验比较

这是两个不同的土样，按土的塑性指数分类，分别为黏土和粉土，见表 3–5–2 的试验结果。T1 采用轻型击实试验，T2 采用重型击实试验，试验结果见图 3–5–3 和图 3–5–4 的曲线。

土样液限和塑限联合测定检测结果　　表 3-5-2

样品编号	液限 W_L（%）	塑限 W_P（%）	塑性指数 I_P（%）	塑性指数分类
T1	45.4	19.5	25.9	黏土
T2	21.0	12.4	8.6	粉土

1. T1 击实试验

T1 土样为纯土，采用轻型击实。试验曲线见图 3–5–3，最大干密度为 1.65g/cm^3，最优含水量为 20.8%。

2. T2 击实试验

T2 土样中含有一定量的石块，按要求采用重型击实。试验曲线见图 3–5–4，最大干密度为 2.06g/cm^3，最优含水量为 8.8%。

从上面的两条曲线可以看到，土在最优含水量时，土的密实度最大，当土低于最优含水量和高于最优含水量，干密度都要减小。

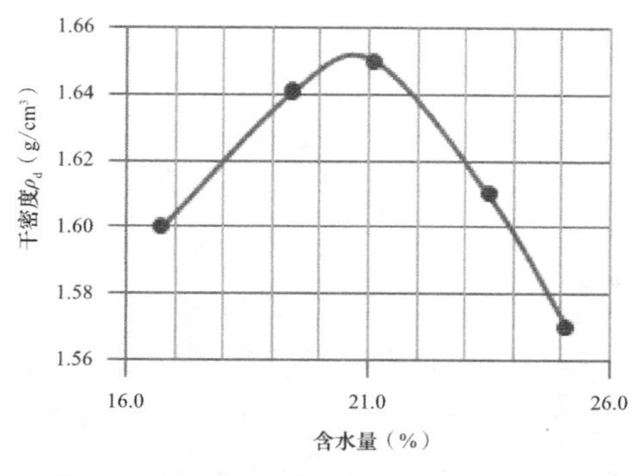

图 3-5-3 T1 轻型击实试验曲线

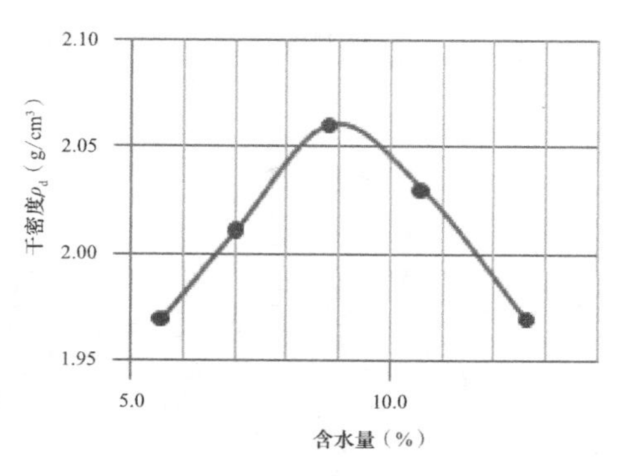

图 3-5-4 T2 重型击实试验曲线

比较两个击实试验结果：轻型击实试验土的最大干密度比重型击实试验土低很多，除了击实能量的差别外，与土质也有很大关系；黏土的最优含水量比粉土的最优含水量大很多。这也表明，不同土质的最优含水量各不相同，不能一概而论。

3. 击实试件抗压

击实试件夯击成型后，本来是用于测试不同含水量下的干密度，由于成型的试件尺寸规整，可作为在同等试验条件下，因含水量不同抗压强度的比较。因此，在称重后，笔者进行了抗压强度试验。

T1 的抗压试件，图 3-5-5（a）含水量最低，破坏形态与混凝土试件相似。图 3-5-5（b）含水量最高，破坏形态呈鼓形，表明塑性大。

（a）

（b）

图 3-5-5 T1 试件的破坏情况

（a）含水量 16.7% 试件；（b）含水量 25.1% 试件

T2 含水量最低的试件破坏情况，图 3-5-6（a）在荷载极限状态时，贯穿试件上下的两条主要裂缝呈月牙形，压板处的裂缝细密，试件中部附近有水平裂缝。图 3-5-6（b）试件沿水平裂缝与中心部分分离，掉落。试件的破坏情况，是夯土墙体的一种剥落形式。

（a）　　（b）

图 3-5-6　T2 含水量 5.6% 试件破坏情况

（a）外观基本完整；（b）周边开始掉落

T1 轻型击实试样直径 100mm，高 100mm；T2 重型击实试样直径 150mm，高 150mm。试件的含水量、极限荷载及抗压强度，见表 3-5-3。

不同击实试件含水量、极限荷载及抗压强度　　表 3-5-3

样品编号	试件号	1	2	3	4	5
T1	含水量（%）	16.7	19.4	21.1	23.5	25.1
	荷载（kN）	2.356	3.318	2.260	1.566	1.103
	强度（MPa）	0.3	0.42	0.29	0.20	0.14
T2	含水量（%）	5.6	7.0	8.8	10.6	12.6
	荷载（kN）	6.569	6.320	5.916	3.233	1.655
	强度（MPa）	0.37	0.36	0.33	0.18	0.09

从表 3-5-3 中可见，两组试件的抗压强度总的趋势随试件含水量的增加而强度降低；两组对应编号试件的抗压强度值相差不大；抗压强度值都不高，在试件中水分散失后，强度会逐步提高。

3.5.5　夯土制备

1. 基本要求

修建房屋的材料应尽量就地取材，一次备齐。否则因前后质量、规格差异，造成施工质量不易控制，或者影响工期，提高了造价。

施工前，要事先考虑安排取土堆码场地。场地大小可根据施工方案进度要求，满足土料的晾晒、拌和、陈化处理。

材料进场后要按类别分开堆放，若放在露天，应有遮盖，以免太阳晒、雨水淋，使材料的含水率波动太大，施工时不好控制，影响质量。

土料进场应首先进行清理和筛选，如杂土、石头应挑选出去，较大的土颗粒，应将其破碎成细粒，过筛存放。

2. 低含水量土料的加水处理

当土料的含水量低于最优含水量，需要在夯筑前加水，以保证施工质量。一般来讲，砂土、轻粉质土以及中粉质土容易加水，且加水后经过1～2d陈化即可均匀；而黏土或粉质黏土加水，由于土料本身易成块，水不易渗透，因此，必须在加水后有较长的停滞时间养护，才能使土料含水量均匀。在土场加水是提高土料含水量的最好方法。

3. 高含水量土料的处理

当土料含水量较高，且具有翻晒的气象条件时，可以采用翻晒法来降低含水量。土料翻晒主要要求有适宜的气象条件，翻晒设备简单易行。

在翻晒过程中，土料含水量的降低速度，取决于土料本身的内在因素及外界条件。内在因素为：土料本身的土粒结构状态及水在土粒结构中的分布状态，土的颗粒组成、土色、天然含水量、塑性等；外界条件，是指气象条件和翻晒方法，如蒸发量、气温、风速、日照、相对湿度及铺土厚度、翻动次数等。

含水量降低速度与起始含水量有关。土中仅有自由水和松弛的结合水可以在翻晒时蒸发。当土料含水量已降低到施工控制含水量时，应在土区堆成土堆，并进行防护。

4. 掺料降低含水量

掺料的目的是通过掺入含水量低的材料，吸收土料中多余的水分，使土料含水量重新调整，满足施工含水量的要求或改善土料的压实性能。这也是在工程中常用的一种方法。

掺料的种类可以是碎石或砾石，也可以是含水量较低的土料，以及石灰。

5. 含水量测试

在工地上，拌和好的夯土含水量的掌握是以达到“手握成团，落地开花”为宜。这种传统经验法不一定可靠，因人不同、材料不同、夯击的能量不同，得到的夯筑效果不一样。当水分含量过高土进行夯实或振密时，会出现“橡皮土”，这是由于土中过多的水排不出来。“橡皮土”强度很低，变形大，收缩量大。但当含水量过低时，夯筑不密实。所以，要使土的夯实效果最好，其含水量一定要适当。因此，在材料备齐的情况下，送料到实验室进行密实度试验，获得最优含水量和最大密实度的数据指导施工是科学的做法。

3.5.6 土的夯筑成型

夯土房屋修建前有时会试夯做样板墙，看夯筑的材料配合比和工艺是否满足要求。图 3–5–7 是一建筑修建前夯筑样板墙的过程，这一过程与实际墙体施工时一样。

第一步，安装模板，见图 3–5–7（a）；

第二步，拌和陈化的土料，见图 3–5–7（b）；

第三步，砸边整平、不留缝隙，见图 3–5–7（c）；

第四步，均匀装入土料，见图 3–5–7（d）；

第五步，夯击土层，见图 3–5–7（e）；

第六步，拆模墙体净面后情况，见图 3–5–7（f）。

这是大的分类，还可根据工艺进一步细分。

图 3–5–8（a）是一个夯土墙工程试夯的两个样板墙，以便选择墙体施工时的配合比。小的一块墙体是生土夯筑，表面色泽较好、质地均匀。大的一块墙体由不同配合比的土料夯筑，墙面色泽不一致，密实程度也不相同，有些配合比材料的粘结性不好，墙面和截面有裂缝，见图 3–5–8（b）。由此可见，夯土墙体施工前的土料选择是一个非常慎重的事情。

夯土墙体的门窗洞口有两种开法，预先留出和做完屋盖后再行开挖。图 3–5–9（a）是成墙的过程中就形成门窗洞口。图 3–5–9（b）是做完屋盖后再开挖门窗洞口，要开洞的地方，上方预先设置了门窗过梁。

（a）

（b）

图 3–5–7 土墙夯筑过程示意（一）

（a）安装模板；（b）拌和土料

（c） （d）

（e） （f）

图 3-5-7 土墙夯筑过程示意（二）

（c）砸边整平；（d）装入土料；

（e）夯击土层；（f）拆模墙体净面后

（a） （b）

图 3-5-8 试夯的样板墙

（a）夯筑完成的样板墙；（b）墙体细部情况

（a）

（b）

图 3-5-9　墙体开门窗洞口

（a）成墙时留窗洞；（b）做完屋盖开门洞

4 生土房屋的损伤研究

生土建筑中土坯墙体的砌筑与砖、石结构的砌筑类似，在使用过程中出现的问题和现象，多数也雷同，因此在多数情况下，可以参考砖砌体的做法。本章主要介绍夯土墙体损伤与检测的工程案例。

4.1 房屋损坏的主要因素

4.1.1 构造连接

新建夯土墙房屋，现在已经非常少了，与新建的混凝土结构房屋的建筑量相比，几乎可以忽略不计。新建的夯土墙房屋可以参照前面介绍的相关内容设计施工，能够满足安全使用的要求。而目前比较常遇到的是对留存下来的夯土建筑如何检测评价，以便维修保护。

近几十年来，因夯土建筑使用要破坏耕地、不抗震、不能修建成高层建筑赚取利润，因此，作为落后的建筑形式、落后的施工技术，被淘汰，其命运是大量地被拆除。相应地，也就没有系统的检测技术和维护方法的研究，没有形成标准，无章可循。

为了保护留存下来的夯土建筑，按照现在的程序，首先应进行检测鉴定。而检测鉴定时的主要项目之一，就是要获取夯土墙体的抗压强度，以便通过验算知道是否安全，需不需要加固。

夯土墙抗压强度试件的获取就要切割墙体，这样不但对墙体有损伤，有时还不易取得。笔者认为，多数既有夯土建筑不需要通过取得墙体试件的抗压强度来判定其安全度，可以根据既有墙体的尺寸、损伤情况作出危险性判断。

夯土墙体与其他墙体比较，最大特点就是墙体厚，高厚比大，也就是习惯所说的稳定性好。夯土墙体虽然裂缝多，强度低（以现在的观点看），但能数十年、上百年站立不倒，应主要是这个原因。墙体检测结果能满足 73《规范》中，“土墙的允许高厚比［β］，单层房屋不宜大于 14，两层房屋不宜大于 12，对于非承重墙尚可分别乘以提高系数 1.2”，墙体就应没有问题。

在进行夯土墙房屋检测时，首先要检测墙体的原始厚度和墙体高度，以及水蚀、风化、损伤造成表层剥离、疏松的截面损失。

在墙体梁下增设梁垫，主要是避免应力集中造成局压破坏，这是现在设计对荷载大的梁常用做法。但对土墙房屋来说，以前很少在木梁下加设梁垫。图 4–1–1（a）是 20 世纪 60 年代建造的土墙房屋，屋梁下和挑梁下都没有放置梁垫，正常使用了 50 多年。前面介绍的福建怀远土楼、德风土楼，梁下也没有放置梁垫。

图 4–1–1（b）是一幢土墙房屋，木梁下没有放置梁垫，裂缝正好在梁的下方，虽然裂缝很宽，但条数少，不是局压破坏的特征。估计裂缝在修建时不久就出现了，距今已有几十年时间，并没有影响使用。一般来说，土墙房屋梁下有裂缝，造成的情况有多种。若局部受力不大，由于土体厚度较大，变形约束协调能力的作用，在墙体整体情况较好时，墙体应是安全的。因此，在历史建筑的修缮中，遇到这种情况不必非要在梁下增设梁垫，破坏了原有的整体性。若要处理，可以采用封缝或灌浆的方法。

（a）

（b）

图 4–1–1　木梁下未设梁垫情况

（a）挑廊和屋盖；（b）木梁下裂缝

连接是保证结构整体性的重要手段，土墙墙体之间的连接，以及土墙与木柱、砖柱之间的连接是很差的，甚至相互间没有连接。这种情况会在墙体变形时，构件相互间的约束作用力很小，起不到整体协调的作用。图 4–1–2（a）是一堵土墙，大部分垮塌，端头部分未垮塌。未垮塌部分没有因垮塌墙体带动而明显倾斜，也没有发现墙体内放置有竹筋。图 4–1–2（b）是一幢木框架土墙填充的厂房。木框架腐朽，砖柱帮助支撑受力。土墙垮塌后，可以看见与木柱间没有任何拉接，砖柱和木柱都没有受明显的影响。这种案例在后面还会遇到。

（a） （b）

图 4-1-2 土墙垮塌与未垮塌部分比较

（a）土墙垮塌与未垮塌；（b）垮塌土墙与木柱

福州“三坊七巷”夯土墙，墙体顶部与主体结构无连接或仅与主体木结构屋面的檩条有弱连接，素有“墙倒屋不倒”之名。所以三坊七巷夯土墙的墙身一般较厚，一般底部约 600mm，少部分特别高的墙段可达 800mm，墙体自下而上收分，顶部约 300～400mm 宽，有利于增强墙体的平面外稳定性。

不同结构及构件破坏垮塌时的特点，与使用的材料、结构的构造、荷载的情况等因素有关。分析结构及构件的破坏特点，可以帮助工程师对结构构造进行设置并加深理解。土墙的垮塌断面是竖直的或斜的，而砖砌体垮塌断面是阶梯形的。图 4-1-3（a）是一间土墙木屋盖房屋，平面形式异形，土墙内没有设竹筋。左侧的红砖柱和土墙墙体顶部用红砖补砌成的山墙，表明屋盖进行过改造。土墙和砖水平搭接。垮塌部位为房屋的角部。右侧部位夯土墙垮塌断面上部竖直、下部倾斜，呈折线形。左侧断面，顶部的红砖形成了叠齿形阶梯状，见图 4-1-3（b），将屋面荷载向下传递。墙体的破坏形态表明，土墙之间的连接作用不如砖砌体。

（a） （b）

图 4-1-3 墙体转角处的垮塌

（a）墙角部位垮塌；（b）上部阶梯形破坏面

4.1.2 水的破坏

生土墙体由于是用土建造，因此具有土的属性。土遇水会变软，失去强度，变稠、流淌。土失水，会逐渐变硬，收缩很大，开裂、分块。因此，土墙建造时不能有过多的水分，不然墙体在失水后会有大量的裂缝出现。土墙墙体在使用过程中则必须防止水的侵蚀，否则截面会因水的侵害受到剥蚀，墙体承载力降低而垮塌。生土房屋墙体最容易受水浸湿的部位是墙脚。因此，在对生土房屋进行检测时，应注意墙体下部的构造，周边的环境和排水情况，以及墙体截面损伤的长度、宽度和高度，为分析计算墙体是否存在安全隐患和后续的处理提供依据。

图 4–1–4（a）是一幢建在边坡上的土墙房屋。边坡左边高右边低，相应的房屋左边的土墙离地比右边近，左边土墙表面剥离、脱落现象比右边严重，尤其左边角部更是如此。这说明，在其他条件基本相同的情况下，墙体下部最易受水浸扰，造成土体松动、剥落的情况。墙体角部很多时候情况更严重。

笔者在生土建筑考察和检测中，看见不管是在城市还是在农村，很多建筑都很注意对墙体下部的保护，以便长久耐用。大家都知道水对生土墙体的伤害作用很大，但也有例外。图 4–1–4（b）是水槽安在生土墙体脚边，并且没有良好的排水系统，水槽边墙体长满了青苔，说明安装时间已经不短，下部墙体与上部规整的墙面相比，已经受到严重浸湿。

（a）

（b）

图 4–1–4　墙脚受到的浸湿比较

（a）墙体水浸风蚀情况；（b）水槽安在墙脚边

房屋的屋面长期受日晒雨淋、风雪落物侵害，而下部墙体的变形，对它也造成不利影响。屋盖受到上下双向作用，变形、损坏、屋面瓦滑移是难免的，因此容易出现漏雨、漏风、漏光等情况，若不及时进行修理，尤其是水的渗入，对生土墙体产生破坏作用。

生土建筑屋面的木梁是放置在山墙斜面上，因与生土墙体没有可靠拉结，时间长了，容易下滑，带动屋面和墙体。图 4–1–5（a）是山墙，因整个屋面向下滑移，其水平推力造成山墙墙体顶部开裂，甚至形成块状。图 4–1–5（b）是外纵墙，因屋面向下滑移，其水平推力使墙体竖向开裂。由此可见，虽然屋盖的作用主要是防止风雨，但它出现问题时可能影响土墙的安全，所以在进行检测时，要注意有无发生这些情况。

（a）

（b）

图 4–1–5 土墙顶部的破损

（a）墙体顶部开裂；（b）墙体顶部被外推

4.1.3 改造损伤

任何修建好的房屋在使用过程中都会遇到各种原因需要进行改造。而夯土墙体房屋在使用中也会遇到同样的情况。常见的改造情况有：在墙体上开门窗孔洞，减薄墙体做柜子；增加楼层、纵向立面复杂化；房屋四周扩建，形状怪异；甚至不少房屋是进行这几方面的“综合改造”。其结果是，减弱了墙体的承载力，增加了荷载，抗震性能变差。由于生土建筑墙体强度低，构件间连接性差，更容易造成大的安全隐患。

图 4–1–6（a）的这幢土楼是 20 世纪 40 年代末修建的，2014 年笔者考察时已是这个模样。结合图 4–1–6（b）的侧面分析，该土楼为一座碉楼，修建时是三层楼，第三层有一外廊道。现在正立面左右两侧下部分别加填了两层。从使用的材料和门窗孔洞开启的部位分析，应是使用者各自所为。在土楼的后面还加建了单坡屋面土墙房屋，整栋建筑外貌成了“变形金刚”。按现在的观点，室内阴暗潮湿，不适宜于居住，并且建筑也留存了安全隐患。但在几十年前，对于当时的人来说，有个蜗居也好。

（a）　　　　（b）

图 4-1-6　生土建筑的改造

（a）房屋的正立面；（b）房屋的侧立面

在墙上开槽、横向切割墙体、竖向分割墙体，都会造成安全隐患，在既有建筑中则经常发生。横向切割墙体后，使上部墙体造成了附加偏心距，增加了不稳定因素，槽内的墙体面层受到扰动、疏松，增加了风化的速度。墙体被竖向分割后，降低了墙体的连续性，不利于整体作用受力。

图 4-1-7（a）是农舍的一面外墙，从墙体底部到 1.8m 高的范围，不是风化引起的剥落特征，而是被凿打留下的槽印，浅的地方约 5mm，深的地方约 100mm。凿打的目的是什么不知道，但已造成了安全隐患。

图 4-1-7（b）山墙开凿的竖槽是准备作为厨房的烟囱，结果又未砌筑完成，山墙上留下的槽，不但使墙体受到损伤，也使山墙上的壁画受到破坏，很是可惜。该房屋以前是庄园的一部分，估计是 20 世纪 30 年代前修建的，至笔者看见时已有 80 多年历史。在这期间分给农户后，改造加建又造成了新的破坏。对这种需要保护的建筑，应将开了的槽进行修复。

（a）　　　　（b）

图 4-1-7　在夯土墙上开槽

（a）在墙体截面开槽；（b）竖向开槽

既有建筑的夯土墙上，因改造，随意开门窗孔洞是经常发生的事。

图 4-1-8（a）就是一例随意在墙体上开门的情况。门上没有过梁，从该门洞左右两侧不远都有木梁，而下部没有门或窗的情况看，是最后改变了主意。墙上的裂缝很密，门上口的立枋已破碎成块，存在安全隐患。

图 4-1-8（b）中残存的夯土房屋三边都进行了加建，靠右侧比它低矮的斜屋面土墙房屋是修好后加建的。后面比它高的建筑是近年新修的，但并没有把它全部拆除。靠后的红砖房，是新近才修的，把它纳入一体，起到了保护的作用。而它不知怎么留存了下来，夹在了中间，很有意思。

（a）

（b）

图 4-1-8　夯土墙体改造

（a）墙体随意开门；（b）结合夯土墙改造

4.2　夯土墙体裂缝及特点

虽然多数建筑结构材料在使用中都存在裂缝，但夯土墙体的裂缝更多、更大，大家司空见惯了也不觉得危险可怕。虽然墙体上的多数裂缝不影响安全使用，但是有些贯穿性裂缝影响使用者的正常生活和工作，也有少数裂缝存在安全隐患，因此研究夯土墙体的裂缝很有必要。

4.2.1　裂缝与土质

夯土墙体的裂缝与土料及掺合料的选择，合适的配合比，上墙的含水率，施工、养护操作都有很大关系。下面通过工程案例，看看这些影响所产生的不同裂缝。

图 4-2-1 是一幢 20 世纪 80 年代修建的外廊式两层房屋墙体，笔者看见时已修建了 30 多年。该楼为土墙木框架砖柱组合结构，土墙上裂缝的特点是，较宽的裂缝相对较多，间距一般在 200～300mm 之间，其中一些裂缝宽度超过 20mm，裂缝长度不等，一般在门窗木过梁处断开，最长的裂缝有一

层楼高。图 4–2–1（a）是该房屋正立面墙体转角处窗下裂缝。这种现象与夯土的塑性指数大有关。虽然夯土中掺有石子，夹有竹筋，并没有得到有效控制。图 4–2–1（b）是侧面靠下部最宽的缝隙，可以放进三个手指。究其原因，除夯土塑性指数大而外，还有夯筑质量差，墙体在夯筑完成拆模后，对表面没有进行净面处理，以及风化、损伤等因素。

（a）

（b）

图 4–2–1 同一房屋正面与侧面裂缝

（a）正面窗下裂缝；（b）侧面最大缝隙

图 4–2–2（a）是一农家院落厨房的整段夯土侧墙，高 2.3m，长 6.4m。虽然墙体不长、不高，但已经倾斜，墙面裂缝粗密，且多为贯通缝。虽有竹筋拉结，因土体强度不高，在没有竹筋的地方，土粒因风化作用顺裂缝边缘脱落严重，是造成裂缝宽大的原因，见图 4–2–2（b）。裂缝间距约 150～300mm，墙体外表面处裂缝宽度约 30～60mm。根据现场采样经实验室检测，该墙体土的含水率为 5.6%，应是墙体平衡含水率。询问住户，这是他们的自建房，1962 年修建，距今 60 年。这片墙是初学夯筑的第一片墙体，土质选得不好，因是偏房墙体，高度不高，夯筑的力量也不大。

（a）

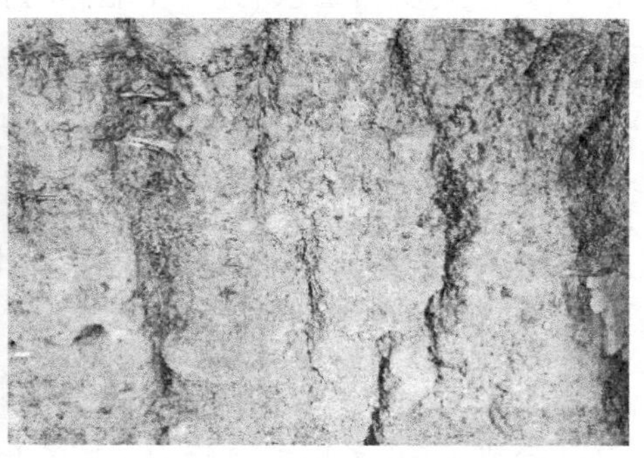

（b）

图 4–2–2 农家质量差的夯土墙倾斜裂缝

（a）墙体倾斜和裂缝；（b）裂缝局部

图 4-2-3（a）是图 4-2-2 同一院落的三层楼墙体。住户介绍，后来有经验了，根据墙体高度和楼层选取土料、夯击能量和夯筑次数。比较两者墙体外观，色泽和裂缝情况就不一样。后者裂缝要细很多，断续均匀，受风化影响不严重。

图 4-2-3（b）是一座豪华大庄园内的夯土墙体在维修时将抹灰层打开后的情况。从墙体表面竖向裂缝是间断的、均匀的、宽度不大、两端尖细的特点分析，夯土的收缩量较小，但从土的细腻程度看，应是塑性指数较高的黏土。这表明，土是通过添加材料改性的。

（a）

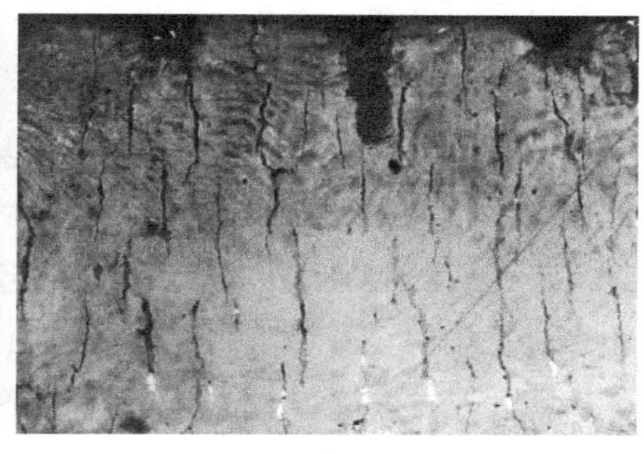

（b）

图 4-2-3 土质质量和夯筑较好的墙体

（a）1962 年农家三层楼；（b）豪华庄园墙体

图 4-2-4（a）是重庆荣昌区清江镇发生农舍墙体垮塌的山墙外侧。表面裂缝非常细短，不连续，显然夯土的收缩量小。该房屋至少已有 80 年以上历史，裂缝边缘没有因雨水、风化而加宽、加深，是因表面抹灰层的防护，山墙上部还有没掉的抹灰层。图 4-2-4（b）是山墙的内面，几乎没有看见收缩裂缝。

（a）

（b）

图 4-2-4 山墙上的细小裂缝

（a）外墙裂缝情况；（b）内墙裂缝情况

从以上几个工程案例可以看出，夯土墙体出现裂缝是常见现象，不论是地主庄园还是普通农舍。夯土墙体裂缝出现的主要原因是土体收缩，土体收缩越大，裂缝就越多或者越宽。裂缝的粗细与夯土材料的组成、墙体中材料的均质性、施工操作以及使用中受到的风化作用的影响有关。同一墙体的外墙与内墙裂缝是有区别的。

4.2.2 裂缝与风化

图 4–2–5 是一幢正在修缮的土楼，楼有 3 层，墙体高约 10m，楼内的木构架已全部拆除。墙体上部两面都长有苔藓，表明外露的时间已经较长了。图 4–2–5（a）和图 4–2–5（b）是其中一幅墙体的正反两面。外立面横竖满布的深深沟痕，局部凹陷脱落，颜色黑褐，像一张布满皱纹的老人的脸。内立面多数地方因使用需要还由抹灰遮盖，表面平滑，可见裂缝少，水平的两道槽是放置木梁和楼板的位置。比较墙体的两面，外墙的损伤比内墙严重很多。这表明，外墙阻挡风雨的侵蚀比内墙受生活起居的污染，破坏性更大。因此，在进行夯土墙体受风化损伤影响分析时，主要检查外墙面的损伤情况。

（a）

（b）

图 4–2–5 修缮中的土楼正反立面

（a）墙体外立面；（b）墙体内立面

笔者听现场的施工人员讲，他们听说这幢正在修复的建筑是元代的土楼。现在无法确定这幢建筑的真实年代，但它是这本书中，沧桑感最凝重的一幢建筑。这肯定是与建造的时间有关。但与前面同一地的怀远楼、光辉楼外墙比，与图 4–2–6 的碉楼外墙比，它的皱痕要多很多。怀远楼、光辉楼像中年人的皮肤，它却像老年人的皮肤，而前面图 4–2–1（a）墙面像年轻人的皮肤。由此可见，有时可以根据建筑墙体外观的状况，大致估计修建的年

代，以利于检测工作的开展。

既有夯土建筑修建的时间，最晚的距今已有 30 多年，也就是 20 世纪 80 年代，这些房屋基本在农村。多数夯土建筑距今不足 100 年，也就是 1920 年之后修建的，基本在农村、乡镇。100 多年的夯土建筑就较少了，多数外墙都有抹灰层保护，一般是庄园、寺庙、宗祠、官衙等建筑。两三百年的夯土建筑就更少了，除了夯土墙体的问题，还有木结构的耐久性问题。

图 4–2–6（a）是一碉楼的外观全貌。4 层，约 15m 高。距笔者 2014 年考察时约有 80 多年时间。从图 4–2–6（b）可以看到，碉楼顶部被屋盖遮挡的墙体比下部颜色要浅些，裂缝要细些，继续向下，裂缝明显更宽一些，少了点。墙体的中、下部，一些裂缝已经形成了沟槽，见图 4–2–6（c）。墙体的底部，除裂缝有了沟槽，墙面有剥落、损伤，见图 4–2–6（d）。土墙墙面裂缝的变化和损伤主要受风化作用的影响，尤其是雨水的作用。飘到墙面的雨水，顺着裂缝向下流，上部雨水量少，到下部雨水量增多，水流速度加快，顺着裂缝的沟槽变大，墙面因风化产生的疏松物质也同时带了下来。图 4–2–6（c）还传递了另一个信息，左侧墙面要平滑些，裂缝处没有形成明显的沟槽。观察其他两个面没有这样严重，三个面的严重程度有差异，表明风化程度与墙体表面所在的方向有关。

土坯房屋的墙面因收缩产生的裂缝相对夯土墙体较少，因为土坯在上墙前的干燥晾晒中，失去了大部分水分，而蒸发的水分已使土坯块体完成了大部分的收缩量。土坯上墙时干砌，或采用强度不高的泥浆砌筑，因此相互间约束较小，土坯还可以完成一部分收缩，减少墙体裂缝的出现。而墙体表面的风化、墙脚容易被水侵蚀与夯土墙体是一样的。

图 4–2–7（a）是四川资中农村 20 世纪 50 年代人民公社时期，生产队的保管室。屋前晒坝，是晒农作物、分粮食的地方。这种保管室与晒坝组合是当时农村的普遍模式。保管室是土坯墙体，墙脚基本完好，表面的抹灰层已局部脱离，屋檐挑梁下和墙体上有较长的竖直裂缝，转角处的土坯块破碎较严重，屋面破损较严重。该房屋已有 60 多年历史，与一般同时期普通砖砌体房屋的损坏情况类似。

图 4–2–7（b）土坯墙体中的土坯之间缝隙很大，除了因砌筑的泥浆层厚度较大，失水结硬脱落，造成较大缝隙外，土坯是塑性高的黏土制成，收缩较大也是一个原因。由于该墙体位于内过道上，风的作用也有影响。

图 4-2-6 碉楼裂缝的变化情况

（a）碉楼全貌；（b）上部裂缝；（c）中、下部裂缝；（d）底部裂缝

图 4-2-7 土坯房屋墙体

（a）土坯房屋墙面；（b）土坯的收缩与破碎

前面第 3.4.2 节讲到的"陶圆"土楼，墙体采用石灰渣三合土，墙体裂缝非常少，墙面损伤主要在下部。图 4-2-8（a）是外墙面下部损伤情况，图 4-2-8（b）是内墙面下部损伤情况。外墙的损伤比内墙的严重得多是一

般规律。究其原因，内外墙虽然都受到地下水的侵蚀，但外墙还受到环境水、雨水侵蚀，水侵蚀情况比内墙严重。此外，外墙还受到风化的作用。从图中可见，外墙表面起皮、疏松层很少，而室内较明显，就是受到风雨作用的原因。

（a）

（b）

图 4-2-8 三合土墙体脚部

（a）外墙面下部损伤；（b）内墙面下部损伤

4.2.3 裂缝的性态

夯土建筑的裂缝比用砖、石、混凝土修建的建筑裂缝都多，主要是因使用材料的性质和施工工艺造成的。现将最常见的裂缝在这里做个分类，以便于在工程中认识处理。

1. 收缩裂缝

夯土墙体的裂缝主要是收缩裂缝。因为土在失水干燥过程中，收缩量大，而土体抗拉强度很低，因此产生裂缝。

（1）表面网状裂缝

墙体表层因施工时温度高，表面失水快，表面与深处收缩变形不一致出现的细微网状裂缝。这种裂缝与混凝土构件表面裂缝成因相同。

（2）竖直裂缝

墙体上的竖向裂缝是土体整体收缩产生的。这种裂缝与混凝土构件相比，裂缝间距要密很多，裂缝宽度要大很多，表明相同长度夯土墙的收缩量比混凝土墙体要大很多。

夯土墙体收缩裂缝的宽度分布：一种是裂缝宽度比较均匀；另一种是较粗（宽）的裂缝之间是一些较细的裂缝；少数是两种情况的组合。收缩裂缝的竖向是间断的，基本上不连续，上下有错位。这与分层夯筑、时间较长、人工拌和、材料的不均匀性有关。

2. 梁下裂缝

20 世纪 70 年代前修建的夯土房屋，梁下一般都没有放置梁垫。因此，梁下有裂缝的情况不少。出现的原因是放置梁的部位失水速度与其他表面不一致，并且受压时强度低，因此易于造成该部位裂缝的发生。梁下裂缝一般竖直，条数不多，虽也属局压裂缝，强度逐渐增加后，强度满足要求，墙体厚，约束了裂缝的发展，裂缝趋于稳定，一般不影响安全。

3. 门上裂缝

房屋的门窗孔洞上部角部墙体容易出现斜裂缝。而夯土墙体的门洞上部容易出现竖直裂缝和门框顶部墙体破碎。这种情况影响安全使用。造成的原因是，门部位的墙体高度减小许多，两者收缩变形存在较大差异。门的常年开关给墙体造成的振动损伤，因此很多门框松动，周边裂缝或破损。

在使用过程中，随意开门窗孔洞，造成周边墙体，尤其是门的顶部墙体破损是经常发生的事情。

4. 墙脚裂缝

墙体下部最容易因最初的施工问题以及使用问题造成损伤。除此之外，墙体下部还容易受到水的侵蚀，出现表面疏松、破碎脱落、孔洞等破损情况。特别是基础与墙体的交接面，不但容易出现上述情况，而且由于长期受水的侵蚀，强度降低，墙脚会逐渐形成水平裂缝，减小了墙体受压的截面面积，并形成了附加弯矩，造成墙体倾斜，加大水平裂缝的宽度和长度，引起局压破坏而坍塌。

【案例 1】墙面裂缝比较均匀

图 4–2–9（a）是一幢两层土墙房屋的一面外墙。墙面裂缝很密，竖向裂缝分布较均匀，裂缝间距约 200mm，裂缝最大宽度 10mm，裂缝断续，长度一般不超过 1m。裂缝两端小、中间宽，是典型的收缩裂缝的形态。墙表面出现的网状裂缝，估计是由于夯筑完成净面时土料塑性指数较高、含水量较大、失水较快所致。

图 4–2–9（b）是门框周围的裂缝情况。门框是建好后开洞加的，门上裂缝将墙体表面切割成了碎块，从整个墙面的裂缝判断，房屋存在较大的安全隐患。房屋坐落在坡脚，条石基础较浅，墙体离地面近，底部受水侵蚀，风化剥落较严重，裂缝底部较宽。

（a）

（b）

图 4-2-9 土楼墙面的裂缝情况
（a）墙面的裂缝；（b）门框周围的裂缝

【案例 2】墙面裂缝粗细有别

图 4-2-10（a）是一山区农宅，四周已夷为平地，房屋周边也长满杂草，估计是在等待开发动工。虽然整栋建筑显得破旧，生土墙体开裂严重，屋面瓦局部滑落，檩条断裂，但大部分屋面还是比较平整。进室内考察，为穿斗木构架，该房屋的结构形式应是土墙木框架组合承重。木构架基本完好，因此屋面没有明显的局部下陷情况，见图 4-2-10（b）。笔者考察时是 2014 年，根据社会和房屋情况分析，这幢建筑修建的时间至少有七十年。

图 4-2-10（c）是正对房屋右侧山墙室外的裂缝分布情况。墙左侧下部的门是建好后再开的，对边部墙体影响很大，造成了墙体的分割，但一直没有垮下，生土墙体还是很有韧性的。山墙右侧边部因屋面作用已经基本分离。用石头和泥浆修补的裂缝与墙体结合得很紧密，说明裂缝是稳定的，虽然可能修补的时间已经很久了。图 4-2-10（d）是右侧山墙室内的裂缝分布情况。墙体底部竖向裂缝较密、较多，有些也较大，但没有压碎，没有立即垮塌的危险。屋面梁和室内的连系梁对墙体的稳定起了很大的约束作用。

比较图 4-2-10（c）和图 4-2-10（d）两张照片内外墙面的裂缝：内外墙体的竖直裂缝，基本上是断续的，或折断的，没有从上到下连续贯通的；外墙面比内墙面粗糙；外墙比内墙网状细裂纹要多许多，竖向裂缝也要多一些，密一些；外墙裂缝边缘比内墙裂缝要圆滑，要宽一些；外墙中部大的裂缝有三条，内墙有四条，其中三条相对应；这三条裂缝，外墙裂缝比内墙的要宽不少，并且内外裂缝有错位，使得裂缝内的凹凸面形成了齿合作用，增加了相互间的连接。

（a） （b）

（c） （d）

图 4-2-10 农居房屋结构及裂缝

（a）房屋的外观环境；（b）屋内的木构架；

（c）山墙室外及裂缝；（d）山墙室内及裂缝

4.2.4 裂缝与强度

当用试件来评定夯土墙体的抗压强度时，试件表面要求是光滑的，因此并没有考虑裂缝的影响。裂缝对强度肯定有一定的影响，而夯土墙体遍身都是裂缝，形态各异，影响强度的大小肯定有不同。

由黄文熙先生主编的《土的工程性质》一书中，介绍了马斯兰（Marsland）用伦敦黏土做了详细试验研究，认为即使对取土样和制备试件非常小心，小尺寸试件的试验结果也还是离散性很大，强度值的变化幅度较广。图 4-2-11（a）是不同裂缝性态的试件和相应的应力 - 应变曲线。

从图 4-2-11（a）中可以清楚地看到裂缝的分布、倾斜度、形状和粗糙度对强度的明显影响。采用小尺寸试件测定裂缝土的强度不能代表其实际情况。试件的大小对强度的影响正表明了裂缝的作用。如果试件的直径超过裂缝间距 4 倍，在试验室测得的强度方能接近于原位所定的强度。

在裂缝黏土中进行开挖，裂缝很快就张开，裂缝的张开程度越大，强度降低得也越多。因而，在应力作用下，经历的时间越长，强度降低得也越多。曾有人把开挖后停留 4～8h 和 60h 的裂缝黏土的强度与只停留 0.5h 的强度作了对比，发现前二者的强度只分别为后者的 15% 和 75%。这就是土中的裂缝和微细裂缝逐渐延伸所造成的结果。

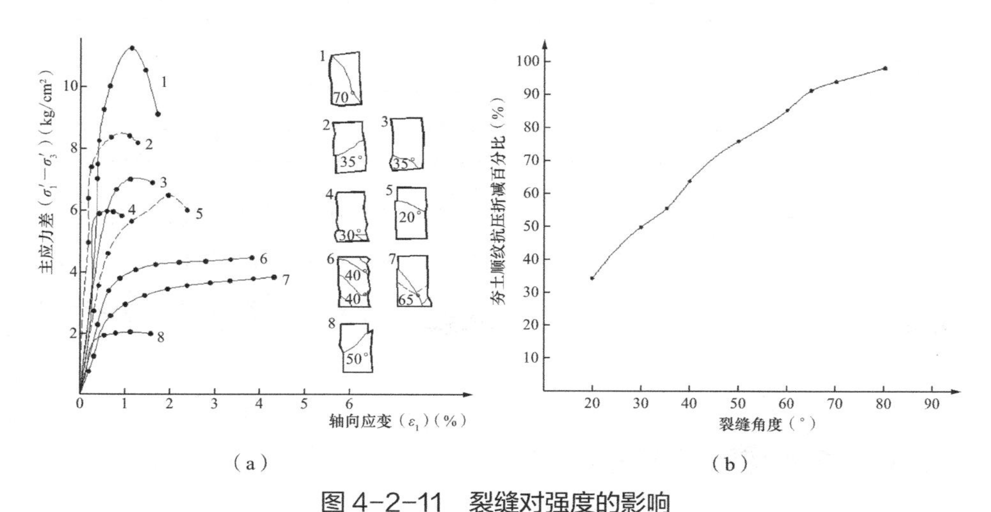

图 4-2-11　裂缝对强度的影响

（a）试件强度与裂缝关系；（b）裂缝角度对强度影响

裂缝对夯土墙体抗压的影响，还没有看见相关研究。在木结构构件进行承载力验算时，我国的研究人员在这方面进行了系统的研究，考虑了裂缝的影响。因此，借用木结构的计算公式进行计算，可以了解大致的折减情况。

在笔者参编的《建筑结构可靠性评定标准》（未出版）中要求，当进行木构件承载力验算时，应采用有效净截面，同时应考虑木构件斜纹、裂缝、腐朽和虫蛀的影响。随着木纹倾斜角度的增大，木材的强度将很快下降，如果伴有裂缝，则强度将更低。因此，在木结构构件安全性评定中应考虑斜纹及斜裂缝对其承载能力的影响。木材斜纹承压强度设计值应按下列公式确定：

$$f_{c\alpha}=\begin{cases} f_c & \alpha\leqslant 10^\circ \\ \dfrac{f_c}{1+\left(\dfrac{f_c}{f_{c,90}}-1\right)\dfrac{\alpha-10}{80^\circ}\sin\alpha} & 10^\circ<\alpha<90^\circ \end{cases} \quad (4\text{-}2\text{-}1)$$

式中　$f_{c\alpha}$——斜纹承压的强度设计值（N/mm²）；

α——作用力方向与裂纹方向的夹角（°）；

f_c——顺纹抗压强度设计值（N/mm²）；

$f_{c,90}$——横纹抗压强度设计值（N/mm^2）。

按公式计算的木材斜纹承压的强度设计值与作用力方向与裂纹方向的夹角的计算结果见表 4–2–1，相应的曲线见图 4–2–11（b）。

斜纹承压强度与作用力夹角的关系 **表 4-2-1**

作用力方向与裂缝夹角（°）	20	30	40	50	60	65	70	80
斜纹承压 $f_{c\alpha}$ 折减倍数	0.34 f_c	0.50 f_c	0.64 f_c	0.77 f_c	0.87 f_c	0.91 f_c	0.94 f_c	0.98 f_c

从表 4–2–1 和图 4–2–11 中可见，木材斜纹承压的强度设计值受作用力方向与木纹方向的夹角的折减，在 65° 时，只减少 10%，影响不是很大。夯土是颗粒粘结，不及纤维韧性大、强度高，可能对夯土墙体的裂缝影响更大些。

4.3 生土建筑的抗震性能

我国是一个多地震的国家，每次发生较大的地震都会使建筑受到不同程度的损坏，人们的生产和生活受到影响。因此，通过地震对建筑造成破坏特点的调查分析，以及根据震害的经验采取相应措施的成功案例，总结出一些抵御的方法，正是向地震学习的结果。如法国哲学家华莱理所说，科学，就是把许多成功的秘诀收集在一起。现在普遍认为生土建筑不抗震，笔者通过震害案例、有关调查和规范的规定，提出自己的认识，以供参考。

4.3.1 震害案例

1. 汶川地震

2008 年 5 月 12 日发生的四川汶川地震，震级为 8.0 级，是我国近年来最大的一次地震。地震发生后，笔者于 5 月 27 日至 31 日到都江堰、绵竹、什邡、江油等多地进行灾情考察，参加了房屋排危加固工作。这次研究生土建筑的震害，查找自己考察时收集的资料，才回忆起当时走的是主震区的重点城镇，关心的是砖砌体结构和钢筋混凝土结构房屋的震害，虽然向人打听如何进入山区村镇看生土建筑房屋震害的情况，但由于当时交通不便、风险大、时间紧，放弃了寻找的念头。

笔者到地震烈度 9、10 度区的什邡洛水红白镇和绵竹九龙镇去考察，不少房屋和设施已被夷为平地（图 4–3–1）。在这些大面积垮塌的房屋中，一定也有生土建筑夹在其中，但已不是主流建筑结构，大量的混凝土结构和砌体结构将其埋藏，失去看到它们的机会。

（a）

（b）

图 4–3–1 汶川地震垮塌的建筑

（a）什邡洛水红白镇；（b）绵竹九龙镇

中国建筑西南设计研究院有限公司冯远、刘宜丰、肖克艰等著的《来自汶川大地震亲历者的第一手资料——结构工程师的视界与思考》一书中，第12章“农村自建房震害”分为概况、整体垮塌、局部垮塌和局部破坏四部分。整体垮塌一节没有标明照片的地点，局部垮塌和局部破坏都标明了地点。其中，土墙房屋震害照片有 8 张，都在整体垮塌和局部垮塌两节内。笔者选出局部垮塌 3 张，整体垮塌 1 张。图 4–3–2（a）～图 4–3–2（c）是四川广元生土建筑震害照片，广元距震中约 330km，地震烈度 7、8 度，清川局部 9 度。

图 4–3–2（a）是一层生土建筑房屋。从墙体裂缝形式看，是土坯墙。在地震时，屋面来回晃动，变形、瓦堆积、溜落。墙体除受地震作用晃动外，屋面与墙体相对变形不一致，屋面木梁的推力造成墙体较大裂缝、土坯掉落，消耗了能量，整体没有垮塌，可判为局部破坏。

图 4–3–2（b）是一幢两层夯土建筑，通道右侧纵向墙体有两处垮塌。左侧垮塌部位，下部像是门的位置，塌落的是门上部墙体。右侧垮塌位置估计是纵横墙连接部位。门洞和纵横墙交接处都是容易破坏的地方。

从照片上看，未垮塌墙体的水平等间距洞口应是放置木梁的位置。墙体上下有错位的痕迹，应是条水平裂缝。地震时水平力对墙体产生的弯矩，在上下刚度变化较大的地方发生开裂，也是墙体容易分离坍塌的位置。

图 4–3–2（c）是两层土木结构建筑，二层端部纵横墙同时垮塌的现场。从周边垮塌堆积物和外露的木构件分析，应是向内垮塌。垮塌内部，室内空

间较大，支撑弱，横墙较高，在地震作用下坍塌。该建筑体现了地震中常见的房屋端部比中部震害严重的现象。

图右侧也是一夯土墙建筑。从墙面裂缝的特征分析，应属于主拉应力的剪切破坏。因两房靠得太近，在地震作用下有墙体挤压破碎的痕迹。

图 4-3-2（d）是两层夯土墙建筑。从左侧墙面抹灰的情况分析，该段墙应属于内横墙，屋面梁放置于横墙上。两横墙间中部搁置的木梁应是二层的楼面，属于横墙承重。屋面梁是两根木梁组合成的桁架形式，楼面梁也较粗密，这幢建筑应不是普通民居。从山墙残留的形式看，地震造成房屋大部分垮塌。从留下的墙体看，二层空间高，没有可靠的拉结连系，墙体中夯筑时放有竹筋或荆条没有抵抗得住地震的作用。

（a）

（b）

（c）

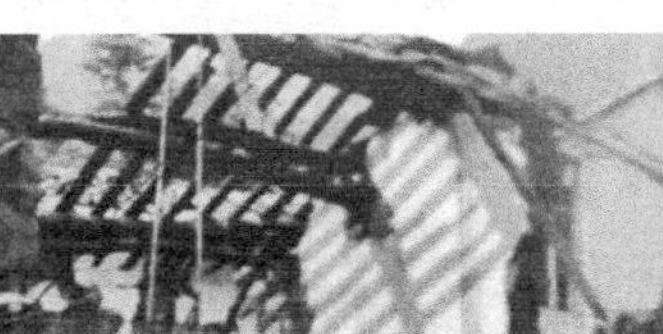

（d）

图 4-3-2　汶川地震夯土墙体破坏

（a）墙顶部拉裂局部塌落；（b）墙体上段局部垮塌；

（c）房屋端部局部垮塌；（d）房屋墙体垮塌

2. 云南通海地震

2018 年 8 月 13 日、14 日，云南省玉溪市通海县发生 5.0 级地震，震源深度 7km，震中距通海县 10km。通海县者湾村位于震中区域，最高烈度 6

度。西安建筑科技大学周铁钢教授在地震发生后到现场考察，对生土建筑的破坏他是这样描述的："者湾村有一片年代较久的传统民居，破坏较严重。多为夯土或土坯房屋，两层，个别三层，体量较大，木构件承重，生土围护墙。"见图 4-3-3、图 4-3-4。

从图 4-3-3（a）照片看，生土山墙应是房屋的外围护结构。墙体下部是夯土墙，上部是土坯墙。在地震作用下，墙体晃动，上部外闪严重，坯块全部塌落，下部夯土部分没有明显变化。

从图 4-3-3（b）照片看，应是木屋架土坯填充墙。在地震作用下，屋顶溜瓦，墙体上部土坯局部剥离塌落，撒满一地，右边墙角竖向开裂。产生的原因是，地震作用下，山墙顶部晃动大，块体之间没有有效粘结形成整体，纵横墙体间连接差，产生竖向剪切裂缝。

（a）

（b）

图 4-3-3 山墙破坏情况

（a）上部外闪塌落；（b）部分塌落墙角开裂

图 4-3-4（a）墙体为夯土墙。转角开裂、错位，纵横墙连接差，房屋破坏，但没有垮塌。该裂缝属剪切破坏。表面纵横墙的连接作用差。

图 4-3-4（b）是木框架，土坯墙围护结构房屋。在地震作用下，木框架变形不明显，依然直立，土坯墙体垮塌。从照片看，两者基本没有拉结，无法共同抵御地震的作用。

通海县者湾村地震烈度 6 度时，生土建筑的破坏特征及比较：

（1）屋面容易发生溜瓦、檩条断裂，山墙上部出现外闪、表层剥落，甚至垮塌破坏。

（2）纵横墙间容易产生竖向裂缝，墙体间错位，甚至垮塌破坏。

（3）土坯墙与夯土墙相比，破坏情况更严重。这表明传统生土建筑，土坯墙的整体性比夯土墙差。

（4）多数受损房屋可以进行修复和加固。

（a）

（b）

图 4-3-4 墙体破坏情况

（a）转角开裂、错位；（b）土坯墙体垮塌

3. 宜宾长宁地震

2016 年 6 月 8 日，四川宜宾长宁县发生地震，重庆荣昌区清江镇发生农舍墙体垮塌。图 4-3-5（a）是农舍的纵墙局部垮塌，墙体中露出竹筋。在户外拍到正在坍塌的内横墙，墙体中部有个洞，见图 4-3-5（b）。在墙体坍塌过程中，墙体上部在洞上部形成了弧形的拱，拱券内等距的水平横线，估计是夯筑层的高度。笔者到现场调查时，坍塌的横墙对未垮塌的纵墙没有产生较大的水平推力，墙体没有产生倾斜和裂缝，见图 4-3-5（c）。这次地震周边的土墙房屋没有出现明显的变形，对住户也没有造成很大的心理影响，虽然政府搭建了救灾帐篷，但住户仍在自家屋里起居生活，见图 4-3-5（d）。

据介绍，住户在土墙墙体下部中间开洞，一直没有进行任何处理，直到地震时坍塌。这表明，住户在墙体上随意开洞已使墙体的承载力处于临界状态，在地震的晃动作用下发生坍塌。屋架梁整体向内坍塌，没有带动周边墙体，瓦梁散落一地。转到山墙背面检查，也没有发现异常情况，说明了该房屋纵横墙连接作用差。这是随意开洞，造成的苦果。

2016 年 6 月四川宜宾长宁 3.3 级地震，距重庆荣昌清江镇约 100km，该地区的地震烈度接近 2 度，对一般生土建筑没有影响。

该案例也表明，随意改造、开洞可能降低建筑的抗震性能，引起房屋开裂，甚至破坏。

（a）　（b）

（c）　（d）

图 4-3-5　墙体随意开洞地震时坍塌

（a）首先垮塌的内纵墙；（b）横墙垮塌前瞬间；
（c）纵横墙连接处；（d）周边建筑及救灾帐篷

4.3.2　震后调查评价

1. 福建土楼

在福建，据《永定县志》记载，自公元 933 年到 1949 年，永定县经历 21 次地震。其中，因 1918 年农历四月初六的一次震级测定为七级的地震，导致建于公元 1693 年的永定湖坑镇的环极楼，在其正门右上方 3 楼到 4 楼之间裂一条 200mm 宽（也有说是 500mm）的裂缝，70 多年后竟神奇地自然弥合，现仅留下一道 1～2cm 宽的裂缝。究其原因，由于圆楼墙结构下面厚 1.2m，向上延伸时略向内斜，呈梯形状，有内敛之势。在夯筑土楼墙体的过程中，每夯实 10cm 厚度的土，便放置三五根长约 2m 的竹片或杉木条作“墙筋”，以增加墙体的抗拉力。这就像给墙体套上预应力“箍”，不但可因土体收缩减少裂缝的出现，也可在变形较大、裂缝较宽时有一定的恢复功能。这个道理在前面已经讲过。

笔者在福建考察土楼时见到的南靖怀远楼（图 4-3-6），为全国重点文物保护单位。该楼建于1905～1909年，位于南靖县梅林镇。南靖县与永定县相连，距永定县城约50km。永定县1918年地震，怀远楼已建好近10年，这样大的体量，这样的建筑高度，应遭受到了地震的影响。从各种资料中都没找不到受震害的介绍，并且震后已使用了100年，应该是损坏不严重。

福建还留存有大量土楼，不少已上100年，甚至数百年时间。它们的抗震性能比较优异，是通过震害考验证明的，这与土楼具有的一些共同特点相关。下面就以怀远楼为例进行分析。

怀远楼为圆形，占地1384.7m^2，建筑面积3468m^2，楼高13.5m，直径约42m。从外形看下大上小，约向内斜，增加了土楼的挺拔感、向心力和整体稳定性。

楼基以鹅卵石和三合土垒筑3m多高，近墙高的1/4，像一个圆形的“刚环”，加强了墙体下部的整体刚度。基墙厚1.2m，墙体高13.5m，若以此算高厚比为11.25，已满足土墙单层房屋允许高厚比［β］不宜大于14的要求。由于土楼是四层，其高厚比还低很多，这是稳定、耗能的基本保证。筑楼墙体里铺设的竹筋，上层土墙内加入的杉木墙骨，这些都起到整体加固和约束作用。

墙体下部近6m高的范围内，没有开窗，上部的窗洞尺寸都很小、数量不多，虽然是出于防御的目的，但客观上最大限度地保证了墙体的完整性。入口的门不大，条石门框，保证开门后墙体不局部变形。门上方墙体是最容易出现裂缝和破碎的部位，也是出于防御功能需要进行了特殊处理，大门的正上方还高挂了一个八卦图，见图4–3–6（a）。

土楼为土墙木框架组合承重房屋，外围是夯土墙体，内部主要采用木框架结构分户承重。下部木框架采用榫卯结构，增强与夯土墙共同工作的能力和框架间的变形协调性。顶部采用抬梁式，尽量协调屋面因温度、地震等作用引起的变形问题。

土楼内四层被均匀地分隔成34个开间，见图4–3–6（b），既保证了家庭房屋分配的公平性，也客观上保证了环形土楼质量的均质性，避免地震时扭转效应作用的产生。

福建土楼的平面形式还有，方形、半月形、椭圆形、五角形等多种，从抗震角度来说，圆形无疑是最合理的。建筑是以使用需要为最初目的，虽然其他形式的抗震性能也许差些，但体现了人们需求意愿的多样性。

（a）

（b）

图 4-3-6 福建南靖怀远土楼

（a）楼外立面；（b）楼内情况

2. 通海、邢台、汕头地震

王广军先生编著的《6 度地震区建筑抗震设计·鉴定·加固》一书中，对生土建筑震害的调查如下："1970 年通海地震时，土坯承重房屋，在 7 度和 8 度区，两层及两层以下的仅轻微损坏，9 度区破坏加重，但也有个别平房基本完好。1966 年邢台地震时，7 度和 8 度区的部分单层纯土墙房屋基本完好或轻微损坏。广东地区，采用贝壳煅烧的白灰夯筑灰土墙承重房屋，曾经受 1918 年广东南澳大地震的袭击，汕头市（8 度）的多数单层民房无严重破坏，仅二～三层灰土墙承重房屋（如医院、办公楼等）受到轻微损坏，修复后至今仍继续使用。这表明，二层以下的生土房屋在地震区是可以采用的。"[11]

王广军先生从宏观层面对 20 世纪我国较大的三次地震给生土建筑造成破坏的情况分析认为，二层以下的生土房屋能抵御地震烈度在 7 度、8 度的作用。

3. 汶川地震

（1）徐有邻编著的《汶川地震震害调查及对建筑结构安全的反思》中提到："从震损情况比较，房屋结构受损的严重程度依次排列如下：农村民居、砖混房屋、底框砖房、框架结构、大跨建筑、高耸建筑，此外各种古代建筑也遭受了不同程度的震害。"

"在最贫穷的农村地区，仍然还能见到土坯墙或'干打垒'的生土建筑。地震时，这些结构都遭受严重破坏，但倒塌的倒不太多，故并未造成很大的损失。原因可能是这些用于平房的墙体都不高，矮墙地震作用小，并且墙体厚实，故不易倾覆吧。而且'干打垒'墙体的整体性很好，也不容易倾倒。"[12]

徐有邻先生文中的“干打垒”是中国北方对夯土墙的称呼，也是新疆地区民居的俗称。在20世纪六七十年代西南地区把毛石砌体也称为“干打垒”。他从震害的对比分析认为，低矮的生土墙体具有抵抗地震的能力，夯土墙体的抗震性比土坯墙体好。

（2）在《汶川地震建筑震害调查与灾后重建分析报告》论文集中，北京科技大学土木与环境工程学院宋波、钟珉、于咏妍写的《汶川地震中甘肃陇南市村镇房屋考察与震害分析》中：“陇南市位于甘肃东南部，位于四川、甘肃、陕西三省交界地带，所辖文县的村镇与青川一河之隔，距离震中汶川仅200km。”

“陇南市各山区县的房屋大多数建于山岳丘陵地带，结构形式以生土结构、砖木结构为主。绝大多数土坯房以60cm土墙为承重结构，房屋屋顶采用荆条编织后加土瓦而成。生土、木结构房屋本身整体性较差，位于该地区的房屋结构纵横墙体之间无拉结措施，地震时在水平力的作用下，大多数发生墙体开裂、墙体外倾甚至倒塌等现象。

《建筑抗震设计规范》GB 50011—2001中明确规定：对于生土结构房屋，外墙四角及内外墙交界处，宜沿墙高每隔300mm左右放一层竹筋、木条、荆条等拉结材料。现场倒塌的房屋中大多数并无包含任何拉结材料，有些房屋基础条件很差，此外墙体过高，开间过大，使得墙体在地震作用下晃动幅度过大。此外，屋盖系统的檩条或大梁直接搁置在土墙上，墙体与檩条或大梁接触部位受集中荷载作用，由于墙体的强度不足，在使用阶段就已产生裂缝，地震发生时，地震作用引起檩条或大梁与墙体搭接处的冲撞，造成裂缝明显增大直至倒塌。”

该篇分析报告对生土建筑受到的破坏性描述，比徐有邻先生所述的要严重。前者是局部地区性评价，后者是灾害的整体评价。甘肃陇南市武都区地震烈度达到了9度，地震作用还是很大的。该报告主要是通过震害的调查，为重建提供合适的建议。

4.3.3 抗震性能评估

按现行抗震设计规范规定，6度和7度区新建的生土房屋，层数不超过2层，高度不大于6m。今后，超过这个标准的生土建筑是不可能再建了。现在，各地还留存有不少超过这一规定的生土建筑，它们大多都有来历，有些可能已属文物建筑不能随意拆除，有些还在等待申报修缮。如果要将它们有效地保护下来，丰富乡间的历史和特色，首先需对这些建筑的抗震性能进行评估。若建筑存在较大问题，在有条件修缮的情况下，如何改善其抗震性能是一项需要探讨的工作。笔者根据标准规范要求、工程实例，结合自己的体会提出相关的建议，供读者参考。

在我国，生土建筑的代表当数福建土楼。它是国家保护文物，于2008年被联合国教科文组织批准列入世界遗产名录。它们已经使用了上百年，甚至数百年时间，并且其中一些还经受了地震的考验，至今还在使用。土楼的层数可达四～五层，高度在15m以上，远远超过现在对新建生土建筑的设计规定。总结它们的建筑结构特点，作为其他既有生土建筑修缮时比较、借鉴的一个依据。

福建土楼的建造特点从建筑形式、结构类型、墙体构造、门窗布置、墙体保护等方面归纳如下：

（1）福建土楼有圆形、方形、椭圆形、弧形等多种形状，但建筑平面形式简单、规整、对称、封闭。

（2）采用外部夯土墙内木框架组合承重体系，框架的木梁端直接插入放置在夯土墙中，因此相互间的连接作用可靠，变形协调性较好。

（3）夯土墙体沿墙高等距放置竹筋、荆条、木条等拉结材料，在墙中适当位置设置木圈梁。

（4）墙体下部不开窗，只有一个门。窗小不密。门框采用条石。

（5）墙体下部有很可靠的防水和排水措施，屋面有效地遮挡雨水避免墙体受到侵蚀。

（6）土楼的体量一般都比较大，土楼内部建筑与土楼主体之间没有连接，保持了各自独立性。

福建土楼只是生土建筑的其中一种形式，既有“超高超层”生土建筑的形式，还变化多样。它体现了历史、艺术的价值，地理、人文因素的影响，以及抵抗自然灾害的智慧。总结它们的建造特点，结合工程的震害经验，还有几点需要补充完善。

（1）既有生土建造是夯土墙承重，框架填充墙的夯土墙宽度比框架柱直径宽一倍以上，柱嵌于墙中，或外部夯土墙内木框架组合结构房屋。

结构土坯承重墙房屋，或土坯框架组合承重房屋，因土坯砌体的整体性差，需要进行处理。土坯填充墙房屋，框架填充墙的夯土墙宽度比框架柱直径不大于一倍以上，因与框架的有效的连接作用差，需要进行处理。

（2）墙体布置均匀，立面不应有错层。纵横墙体分层交错夯筑或咬砌。外墙四角和内外墙交接处，沿墙高至少每隔300mm左右放有竹筋、木条、荆条等拉结材料，每边墙内伸入长度不小于 1m。

福建土楼外围是坚实的夯土墙，内部的开间分隔是木框架。中间的隔断主要是木板墙、砖墙、生土墙几种材料，纵横墙连接要求不尽相同，也不起关键作用。既有生土建筑纵横墙的存在，相互间的可靠连接保证其整体性就很重要。

（3）墙体高厚比，按墙总高算不宜大于 14，每层不宜大于 12。

这是生土建筑墙体稳定的重要保证，虽然数字与规范一样，但要求更严一点。估计福建土楼多数能满足这一要求，但手里没有统计数据，因此在这里提出。

《文物抗震 近现代文物建筑评估规范》（征求意见稿）中，对于房屋高度和层数限值：土楼（堡）、土围子，最大高度，18m；总层数，5 层；墙体厚度，底层墙体不小于 1300mm。其要求的高厚比 13.8，小于 14。可见大家对高厚比指标都很重视。

（4）墙体上门窗不能开得太大、太多。门窗间墙体、外墙尽端和内墙阳角至门窗洞口的最小距离不小于 1.2m。门窗洞口宽度不大于 1.5m。

既有生土建筑由于一般使用时间长，随意改造的情况非常普遍，对结构的损伤很大。尤其是在墙上开凿的门窗洞和各类洞口，严重影响墙体整体性和受力，因此不论是原有的、还是后开的，都宜进行封闭处理。

（5）室内跨度空间较大时，应设有水平系杆、竖向剪刀支撑，并与墙体有可靠的连接。

生土建筑室内大空间的变形协调能力一般较差，容易在地震作用下造成损坏。尤其是屋盖下的大空间，还因形状不规整，在地震时受到的地震作用最显著，更易出现问题。

（6）生土建筑的屋盖形式宜为双坡屋面或平屋面。当双坡屋面的坡度较大，或平屋顶的土层厚度大于 150mm 时，应采取一定的措施，防滑、防重量过大。单坡屋面不宜采用，或应有可靠的措施。

生土建筑的屋盖一般有单坡屋面、双坡屋面、平屋面三种形式，其中双坡屋面又可以分为等坡屋面和不等坡屋面。等坡屋面的抗震性能较好，但是其坡度较大、屋顶过高，在地震中也容易出现屋架变形、屋架下墙体开裂，甚至坍塌等现象。单坡屋面前后墙体的刚度不对称，地震作用下易发生破坏。

上面总结和讨论的内容，可以作为通过检测，能判别是否满足 7 度及以下震级要求的既有生土建筑。而“超高超层”生土建筑不能直接评定，还需要进行计算分析和加固处理。加固的方法可见第 6 章内容。

5　房屋测绘与检测

5.1　测绘与检测

5.1.1　建筑测绘

我国著名的建筑大师、清华大学建筑学院教授梁思成先生非常重视古建筑的测绘工作。他认为学生必须亲手触摸那些经典的古建筑作品，现场观察，亲自测量，绘制图纸，通过这一过程，亲身体味古建筑的尺度、比例、构造与细部，从而对古建筑有一个直观的认识，这应该是进入建筑学这一学术殿堂与艺术殿堂的必经之路。清华大学秉承了梁先生的意愿，在建校 100 周年暨梁思成先生诞辰 110 周年之际，于 2011 年出版了《中国古建筑测绘十年——2000—2010 清华大学建筑学院测绘图集》，作为献上的微薄之礼，见图 5-1-1。[13]

梁思成先生身体力行，自 20 世纪 30 年代开始对中国古代建筑进行了长时间的、科学的调查，他和他的同事在不到十年的时间里对全国近 200 个县城的两千余个古建筑进行了考察，也许正是这样艰苦执着的经历，领悟出必须“亲手触摸”的道理。图 5-1-2 是他的夫人、我国著名的建筑大师林徽因女士 1933 年在河北正定县开元寺钟楼二层屋架上测量的情景。

图 5-1-1　古建筑测绘一书

图 5-1-2　林徽因在测绘

古建筑是没有图纸的，即使是近现代建筑很多也没有图纸，或图纸不全，要将它们有效地进行保护，就必须对建筑有深入的认识，首先需要给它们建立图纸资料档案，建筑物的测绘是其中的第一步。

自 20 世纪 30 年代以来，我国传统建筑测绘方法是，先绘制测绘草图，后测量相关数据，并在已完成的草图上标注数据、流程，该法也称为“测记法”。现在也还有测绘者在使用。

建筑测绘最初采用的是尺子、吊线坠、角尺、墨斗、靠尺等工具，后来陆续有了水准仪、经纬仪、全站仪、激光测距仪、激光垂直仪等光学仪器的应用。

测绘注重建筑的形制、平立剖面、细部构造、造型色彩、建筑的周边环境，以及使用的材料和损伤情况。质量高的测绘图纸，线条清晰细致，建筑细部测绘准确，周边事物关系清楚，整体表现力强，给看图的人带来别样的享受。

摄影一直是测绘相辅相成的重要手段。摄影很早就在我国使用，并且留下了不少建筑的影像。吴钢著《影事溯源》一书中写到：“1839 年，摄影术发明了。在摄影术发明后的第四年，也就是 1843 年，有一位法国海关职员，乘船从法国出发，于次年到达亚洲，并且使用十分笨重的摄影器材，拍摄了内容有关中国的达盖尔法金属版照片……经过法国摄影博物馆的多年搜寻，现在还有 37 张 11cm×16cm 埃迪尔在中国拍摄的金属版原照片，保存在法国摄影博物馆中，有些照片后面还有埃迪尔亲笔写的说明文字。埃迪尔先生在中国拍摄的照片，以建筑和景物为主。”

摄影能迅速准确地记录建筑的形态、层次、色彩、相关位置关系、损伤状况，图 6-1-2 的照片就说明早在 20 世纪 30 年代“营造学社”的前辈已认识到它的意义和作用，在测绘考察中应用。梁思成先生在抗日战争极其艰苦的条件下完成了《中国建筑史》的写作，并同时完成了专为国外读者阅读的英文版《图像中国建筑史》。可见图像对建筑理解的重要性。随着彩色照片、摄像技术的出现，更成了建筑测绘不可分割的一部分。

建筑的测绘过程及测绘的图纸，更能表达被测绘建筑的历史价值、艺术价值和建筑技术的意义。建立的图纸、影像资料档案，方便和指导检测、设计、施工、使用、维护、改造各项工作的进行，为今后建筑数字化运维管理系统的建立准备了必要的基本数据。

夯土建筑修建距今一般已有 70 年以上的时间，由于使用时间较长，有的破损严重需要进行保护性修缮，或因需要改造使用。由于这些建筑没有留存设计图纸和施工资料，对建筑的使用状况也不了解，为了在维修、改造前能给设计提供科学的数据，施工时能采用合适的方法，修缮后能合理使用，建立保护和管理档案，首先需要对建筑进行测绘和检测。

5.1.2 结构检测

建筑结构从建筑中分离出来作为一门学科，还是近二百来年的事情。由于钢筋混凝土结构、钢结构、玻璃、高强复合材料的陆续出现，建筑的表现力更强，用途更广泛，其骨架结构更复杂。为了保证建筑合理安全地使用，其中需要计算的结构部分工作，从中分离出来。就像人，骨骼支撑站立，有了病是医生的事，外形则由服装师、发型师来美化塑造。

建筑结构是建筑的骨架，是建筑站立的保证，因此，在建筑生命周期的全过程中都是需要重点掌控的部位，否则就可能出现安全事故，甚至垮塌。如 2022 年 4 月 29 日 12 时 24 分，湖南长沙望城区一经营性自建房倒塌，造成 53 人遇难，就是一个最近出现的惨痛教训。

按建筑的生命全周期检测的目的包括：建筑材料是否满足供货要求，施工质量是否满足设计和规范要求，使用中受到损伤的程度和部位，改变建筑的使用用途是否可行以及方法，建筑及装饰材料劣化是否需要更换或加固等，多数都需要通过检测提供相应的数据。

建筑结构需要通过检测提供数据按目的分包括：施工质量鉴定、事故分析鉴定、安全性鉴定、适用性鉴定、可靠性鉴定、抗震性能鉴定、建筑结构耐久性鉴定、灾害损伤鉴定、司法鉴定等。这些鉴定基本是以检测结果为依据进行计算、分析，得出鉴定结论和设计方案，因此检测是鉴定的前提。

文物部门把近现代文物建筑的安全性“鉴定”称为“评估”。笔者虽然参加了《民用建筑可靠性鉴定标准》GB 50292—2015 的编制工作，但近 15 年来也参加了不少文物建筑的检测评估。笔者认为，在多数情况下，建筑的安全性用“评估”比用“鉴定”更符合客观情况。

建筑结构现状检测的主要内容：地基基础形式、变形、裂缝情况；结构和构件的截面形状、尺寸、跨度；结构和构件之间的连接状态、构造情况，材料强度；结构和构件的损伤程度、变形大小、裂缝特征；混凝土结构的配筋、保护层厚度、碳化深度、钢筋锈蚀程度等。因不同的目的，要求不相同，检测部位多数只是局部，内容也只是其中一部分。

现在的检测鉴定工程多数都是近 30 年内建成或正在施工的工程，有图纸可查，简化了检测和鉴定的工作。因此，结构检测鉴定的技术人员对建筑测绘的重要性理解得就不那么深刻了。

5.1.3 测绘图分级

建筑测绘和结构检测都是讨论的一幢建筑。建筑测绘主要注重建筑形式的表现，艺术价值、环境因素等，涉及建筑结构不多。结构检测对图纸的测绘深度要求不高，只要把位置关系说清楚就行。这样的分工做法，对于近现代建筑体量大、使用功能不同、结构类型多、形式复杂是合理的、可行的。对于一般的历史建筑，就没有必要把建筑和结构分开进行测绘和安全评估，因为建筑体量小、结构简单、形式不复杂，更利于整体考虑。如生土建筑就属于后面这种类型。

一般的近现代建筑和历史建筑，不必采用统一的测绘标准，毕竟精密测绘是一项费工、费时、费钱的事情。笔者根据测绘的目的不同、要求的深度不同，把测绘内容分为四个等级，以供参考，见表 5–1–1。

建筑测绘分级和测绘内容 **表 5-1-1**

测绘级别	测绘内容	用途	适用范围
一级	检测、修复部位	检测、修复	一般鉴定和修复
二级	局部整体测绘	检测、结构计算	结构安全、维修
三级	整体、细部	结构计算、修复	重要建筑维护
四级	整体、细部、环境	系统性保护	文物建筑、古建筑保护

5.2 仪器与应用

5.2.1 测绘检测仪器

当今，数字时代的到来和 3D 扫描技术的应用，使以前的测绘和检测方法发生了很大变化。数字化的其中一个特点就是任何实物信息都能转换为数字信息，可以方便地进行保存、修改和传输。采用 3D 扫描仪对建筑进行扫描，可以将建筑转换成数字模型。既有建筑数字化后，不但便于保存，还能在电脑上通过虚拟视觉空间 360° 地剖切观看，分析色彩、结构变形、损伤情况，提出修缮的方案，并将整个过程保留下来，便于随时使用。为了能将这项技术更好地应用于建筑中，笔者 2018 年向重庆市住房和城乡建设委员会申报了《历史建筑数字化模型建立及应用研究》课题，现已结题。原理及应用将在下面简单展开介绍。

传统的砖木结构建筑、夯土建筑与近现代钢筋混凝土结构建筑相比，一般体量不大，结构不复杂，因此测绘和检测设备并不需要很多。表 5-2-1 中的设备已满足夯土建筑的测绘检测。以前生土建筑检测主要用卷尺、裂缝卡等工具，现在采用现代仪器进行检测，更快、更准确，是今后检测技术发展的方向。

测绘检测仪器及用于的检测项目 **表 5-2-1**

<table>
<tr><th rowspan="2">序号</th><th rowspan="2">仪器设备</th><th colspan="3">检测项目</th></tr>
<tr><th>测绘和检测部位</th><th>尺寸检测、材料强度</th><th>变形、损伤、裂缝</th></tr>
<tr><td>1</td><td>法如三维激光扫描仪</td><td>建筑内外扫描</td><td>建筑尺寸</td><td rowspan="2">房屋整体变形，屋架垂直度偏差，夯土墙侧向位移、变形和损坏</td></tr>
<tr><td>2</td><td>大疆御 DJI mini2 无人机</td><td>屋顶、建筑上部拍摄，三维数据补充</td><td>建筑尺寸</td></tr>
<tr><td>3</td><td>摄像机、相机、数码相机、手机</td><td>建筑周边、整体、细部、损伤、色泽</td><td>辅助检测</td><td>图像记录</td></tr>
<tr><td>4</td><td>1920P 工业内窥镜高清摄像头</td><td>无法直接观测部位</td><td>观察</td><td>裂缝、损伤情况</td></tr>
<tr><td rowspan="2">5</td><td>切割机、钢锯</td><td>墙体</td><td rowspan="2">夯土墙强度</td><td>—</td></tr>
<tr><td>贯入式砂浆强度检测仪</td><td>墙体表面</td><td>—</td></tr>
<tr><td>6</td><td>钢卷尺、游标卡尺、激光测距仪</td><td>墙体、构件</td><td>尺寸测量</td><td>变形、损伤</td></tr>
<tr><td>7</td><td>裂缝卡、放大镜、探针、强光手电</td><td>墙体、构件</td><td>宽度、深度</td><td>裂缝观察、检测</td></tr>
<tr><td>8</td><td>激光放线仪，靠尺、全站仪、吊线</td><td>墙体、构件</td><td>—</td><td>变形检测及挠度</td></tr>
</table>

检测仪器的使用与检测对象和环境因素有关。笔者 2009 年参编《农村危险房屋鉴定技术导则培训教材》（住房和城乡建设部村镇司组织编著，中国建筑工业出版社）一书。由于危险房屋鉴定是指农村与乡镇中层数为一、二层的一般民用房屋，检测主要是依靠乡镇建设技术人员。检测项目是房屋尺寸、损伤、鼓凸、倾斜、裂缝，所以书中要求使用的检测仪器是圈尺、钢尺、读数显微镜、坠线这四样，基本能满足检测要求。此外，农村危房调查量大面广，属田野调查性质，这些仪器携带方便。

5.2.2 3D 扫描仪和无人机

3D 激光扫描技术是通过测距激光对被测物体扫描，获取目标的空间三维数据，以此通过程序建立被测物体的三维实体模型。

3D 激光扫描仪，见图 5-2-1（a），获取点位信息的方法是：激光发射器周期地驱动激光二极管发射激光信号，由接收透镜接收目标表面后向反射信号，产生接收信号，利用稳定的石英时钟计算出发射与接收的时间差（或者相位解码器计算激光波长周期），最后由微电脑通过软件计算出采样点的空间距离，再由设备本身所记录的水平和竖直方向旋转角度，由空间三角关系计算出目标相对于仪器超算中心的空间位置。因此也被称为"实景复制技术"。

从 3D 扫描仪获得信息的方法知道，它跟人的眼睛一样，要看得见，并且要在一定的距离范围内，能看得清楚，否则就无法获得数据。高层建筑外立面顶部黑暗处和屋顶面用 3D 扫描仪进行架站扫描很困难，因此这一部分的工作需要采用带有数码相机的无人机来完成，见图 5-2-1（b）。无人机在高空进行高空拍摄后，将拍摄的照片进行点云文件的格式转换，利用点云拼接与 3D 扫描的数据形成整体模型，保证了建筑的完整性。

（a）

（b）

图 5-2-1 3D 扫描仪和无人机

（a）Focus3D 扫描仪；（b）DJI mini2 无人机

既有建筑使用 3D 扫描技术进行测绘检测有如下优点：

（1）3D 扫描可以在离建筑物较远或较近的地方工作，活动范围大，数据采集过程中一般不需要搭设脚手架或限制仪器测绘的位置，简化了手续。客观上对建筑本体损伤小。

（2）3D 扫描是将建筑物表面所有点的数据都进行了采集，这样不但收集到了建筑的测绘数据，也把建筑物表面其他信息，如色泽、损伤、裂缝，进行收集完成，因此比人工测量数据完整，速度更快、更准确。

（3）由于仪器测量精度高、还原性好、使用方便，测绘结果非常适用于建筑及结构的检测分析和装饰的质量控制，建筑物使用时损伤、变形的监测工作。

需要注意的是，3D 扫描仪无法扫描的部位，或需要进一步核实的情况，须要人工补测。

5.2.3 照相机、手机和内窥镜

3D 扫描仪虽然具有测绘成像功能，但是它现在仍然无法代替照相机。照片能表现建筑的造型、风貌以及建筑间的相关关系。林洙在所著的《中国营造学社史略》一书的前言中写道："五十年代初，我刚到清华大学建筑系工作时，分配到《中国建筑史》编纂小组绘图。每天接触的全是中国营造学社当年调研测绘的测稿、图纸及大量照片。"由此可见，营造学社的建筑前辈早就认识到照片的纪实性是与测绘并存的。

1826 年，法国人尼埃普斯兄弟发明了最初产生影像的方法，拍出最早的照片。1839 年，法国人达盖尔在尼埃普斯的研究基础上，改进了成像技术，缩短了感光时间，提高了图像清晰度，摄影术问世，俗称"达盖尔银版法"。1889 年，美国柯达公司创始人乔治·伊斯曼将感光乳料涂布在透明的硝酸纤维上，正式出售装有胶片的照相机。1913 年，德国莱茨厂的工程师巴纳克采用柯达公司的胶片，设计制作了一架小型照相机，取名为 Leica 徕卡。

建筑大师梁思成先生所著的《中国建筑史》《图像中国建筑史》等著作中使用大量照片的时间，正是照相机小型化开始广泛应用的时间。说明梁先生当时就已经很好地掌握了摄影技术，认识到照片的实用价值，并把它作为一个工具使用。

摄影自出现就没有被淘汰，而是跟随技术的进步不断发展。20 世纪 90 年代，数字技术进入摄像领域。数码相机与胶片相机不同的是，当景物通过照相机镜头成像在数字传感器芯片的每一个单元上时，影像就会被转化成电信号，再由电信号转化成数字信号予以存储。由此可见，数码摄影与胶片摄影相比，不需要胶片，不需要冲洗，环保，体积小，存储、传输快捷，以至于现在的手机也有了照相功能。图 5-2-2（a）是笔者用的各种照像机。左侧银色的是胶片相机，顶上有一旋转胶片的小手柄；右侧是一台变焦

的数码相机，对焦、测距、曝光都可自动完成，下侧手机，具有照相、摄影功能。

（a）（b）

图 5-2-2　照相机、手机和内窥镜

（a）相机和手机；（b）1920P 内窥镜

内窥镜实际是一台更小型化的高灵敏度的防水照相机和摄像机。图 5-2-2（b）是 1920P 内窥镜，实际直径 8.0mm，内窥镜上点亮的 LED 灯，对准文件夹，其影像直接在 4.3 英寸全彩液晶屏显示的情况。

内窥镜体积小，使用灵活，可以进入很小的空间，把周围的情况直接传输到 4.3 英寸全彩液晶屏上，实时查看内部情况，并进行照相和视频录制。若在黑暗中，可用 LED 灯，照亮空间进行工作。

在建筑物的检测中，内窥镜可以用于人不能直接进入，或用肉眼无法观察到的部位，以及有水的地方。通过内窥镜近距离地观察结构构件的色泽、变形、裂缝和损伤情况。

5.2.4　回弹仪和贯入仪

由于夯土建筑近几十年来没有保护和新建的需求，对其建筑检测技术进行研究的单位和人就很少，但也有人在探索。华侨大学土木工程学院郭力群、李安露、彭兴黔对砂浆回弹仪进行加大弹击杆端的改进并结合夯土试块的抗压强度试验建立起不同年代夯土材料专用测强曲线。其研究成果《福建土楼墙身夯土材料抗压强度无损检测方法研究》发表在《工业建筑》2013 年 12 期上。虽然回弹法在现场强度检测中应用得比较多，但目前没有看见国内参考使用的更多报道。

贯入法是通过贯入仪压缩工作弹簧加荷，给特制测钉一个恒定的压力，测钉在砂浆中受到的摩擦阻力不同，进入的深度也不一样，摩擦阻力的大小与砂浆硬度以及材料品种有关，根据测钉的贯入深度和材料的抗压强度呈负相关这一原理来检测砂浆的抗压强度。现行的国家行业标准为《贯入法检测砌筑砂浆抗压强度技术规程》JGJ/T 136—2017。

贯入法检测使用的仪器包括贯入式砂浆强度检测仪和贯入深度测量表。规程规定：贯入式砂浆强度检测仪（图 5-2-3a）的贯入力为（800±8）N；工作行程为（20±0.1）mm；贯入深度测量表（图 5-2-3b）最大量程为（20±0.02）mm；分度值为 0.01mm。贯入仪使用时的环境温度应为 −4～40℃。

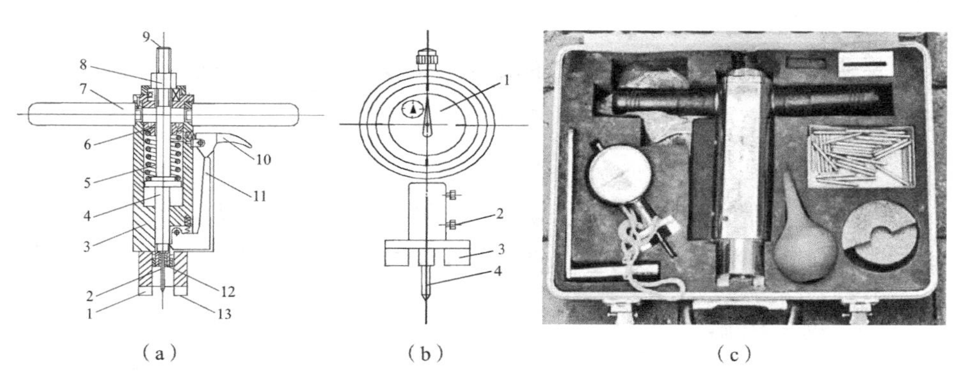

图 5-2-3 SJY800 贯入式砂浆强度检测仪

（a）贯入仪；（b）贯入深度测量表；（c）贯入仪及配件

测钉长度应为（40±0.10）mm，直径应为 3.5mm，尖端锥度应为 45°。测钉量规的量规槽长度为 $39.5_{0}^{+0.10}$mm。测钉用特殊钢制成，每一测钉大约可以使用 50～100 次，视所测砂浆强度的不同而不同。测钉是否应报废，可以用仪器箱中配套的测钉量规来检查（图 5-2-3c）。当测钉能够通过量规槽时，就应该废弃更换。

根据贯入法的原理，按《贯入法检测砌筑砂浆抗压强度技术规程》JGJ/T 136—2017 的使用要求，国内有一些学者正在探索使用，包括笔者。应用介绍见后面两节。

5.3 现场检测

5.3.1 地基基础

1. 环境地质

生土建筑建成时间一般较长，因近年各地大规模的建设，其环境变化大。在考察时，应注意建筑物周边环境的变化，建筑基础受到影响没有，地面有没有沉陷，地下水变化情况，四周有没有良好的排水系统。

基础若是放置在挡墙或台基上，应观察挡墙或台基下部有没有沉陷、滑移，墙体表面有没有外凸、倾斜、沉降、裂缝。

2. 基础情况

生土建筑中的生土墙体一般采用条形基础。独立基础一般是生土建筑中木柱或砖柱的基础。检查基础是否完好，有没有缺损、变形、沉降、裂缝等情况。若一些部位从室外不便观察，可从室内地坪的沉降、下部墙体有没有裂缝进行综合判断分析。

若基础基本完好，上部荷载不增加，基础可不检测。若要对基础或地基挖探坑进行检测，应注意防护和安全。

3. 墙体影响

因地基基础的变形、开裂、倾斜、滑移是否给墙体造成了影响，对墙体变形、开裂、倾斜、滑移的影响情况应进行检测。

5.3.2 墙体检测

1. 外形尺寸

现在手机就是照相机，摄影非常方便。建筑与周边的关系，建筑的外部形状、内部状况，门窗孔洞、廊道的位置关系，可以通过照相图片来反映。

墙体的长、宽、高尺寸，以及墙体截面变化部位的尺寸，墙体的垂直度和墙体的收分应通过测量。这些是判定墙体稳定性的基本数据。

2. 损伤检查

墙体下部是最容易受到损伤的部位，对墙体安全性的潜在影响最大，应观察是否有基础变形，受水侵蚀，风化、损伤造成墙体截面尺寸减小、墙体倾斜的情况。若存在以上情况，应进行检测。

墙体顶部常因漏雨、风吹、屋面变形、滑移造成墙体表面疏松、脱落、位移等不良情况，也影响了屋面遮风避雨的作用，因此检查时要注意观察，特别是有吊顶时不易注意到。

墙面损伤主要是由于墙面风化、泛碱、人为凿打、改造造成的。若需要记录下疏松、损伤的情况，以备安全性验算使用，应有轴线、高度位置，损伤的长度、宽度、平均深度，以及最大深度、最大长度、距地面的高度等数据。最好配有图像资料，更易让人理解和分析。

3. 墙面裂缝

夯土墙体表面都存在裂缝，同时条数还不少，大多数裂缝不影响安全使用，所以，对其中较细、较短或者较浅的不影响结构安全的裂缝，可不测量，如果需要，可用图片、文字描述。

竖直、宽度较大、长度超过半层楼高的裂缝，要记录，并且观测是否为贯穿性裂缝，是否需要封闭处理。

墙体上贯穿性的竖直平行裂缝、相互间间距不大，实际已成了独立柱状体，对墙体的整体性有较大影响，应考虑进行修复处理，需要记录标注。

门窗洞口上方的墙体容易出现裂缝破坏。若是已形成贯穿的“小立柱式”，或是破碎的块体，表面上部墙体已经破坏，应进行补强修复处理。

木屋架、梁下墙体裂缝，从部位来看是否与局压承载力不足有关，其他结构出现这种情况（不包括木结构），有安全隐患应该处理。夯土墙体最初的强度很低，收缩很大，木梁放置的部位容易出现裂缝，随着夯土强度增加，厚实的墙体约束增大，裂缝基本都是稳定的，说明能满足使用要求。若仅有一条或两条裂缝，且在修建之初就出现，上部荷载不大，也不增加荷载，可不进行处理。

4. 构造连接

梁端、门窗框与墙体搭接是否可靠，松动、移位没有，墙体内是否铺设有竹筋或藤条，墙体与木柱、石砌体、砖砌体的连接情况，之间是否有缝隙、错位等不良情况，应有记录，以便在修缮时处理。

5.3.3 木结构检测

1. 木结构

木结构及构件是以梁、柱、排架、桁架、屋架、木楼面出现在生土建筑中，或全木结构房屋生土做墙体。木结构及构件需要检测结构尺寸、跨度、变形、垂直度、倾斜、支座脱空等情况。

当木结构及构件出现连接问题，收缩、裂缝严重，构件受力不合理，腐蚀虫害等情况，结构及构件都有所反映，需确定治理的方法。

2. 连接

木结构构件间的连接，若是采用的榫卯结构，应注意检查是否因干缩变形或受力过大，构件间产生松动、滑移、撕裂、错位等情况，可通过观察发现问题。

木结构构件间采用齿连接的损伤检测包括：压杆轴线与承压构件轴线偏差；压杆端面和齿槽承压面的平整度、齿槽深度；实际受剪面、抵承面面积。以上检测用尺量测。当齿槽承压面和压杆端部存在局部破损现象，或齿槽承压面与压杆端部完全脱开，应进行结构杆件受力状态的检测与分析。

木构件与钢筋、钢板构件连接节点缺陷包括：连接松动、滑移，剪切面开裂，螺母松动，垫板变形，铁件严重锈蚀等情况。可采用外观检查、手摇动拉杆和旋转螺母松紧进行检测。结构及构件变形、失稳状况检测包括：下挠、侧移、拉杆变形、支撑失效等，可采用外观检查或用量尺进行检测。

3. 裂缝

木构件裂缝是一个相当普遍的现象，而且裂缝是会发展的。特别是原先用湿材制作的结构，在其干燥过程中，几乎都会产生新的裂缝，或者原先的裂缝会开得更大，这是木材固有的特性。判断裂缝的危害性，往往不在于裂缝的宽细、长短或深浅，关键是裂缝所处的部位。木材的干缩裂缝主要是顺纹裂缝，一般对受压影响不大。但由受力引起的裂缝应特别注意裂缝的方向，木材横纹受压强度较低，约为顺纹受压强度的1/6～1/4，而且受压时容易变形。横纹抗剪强度只有顺纹抗剪强度的1/2左右。如果裂缝在结构中的受剪面上，即使非常轻微也可能引起危险，必须加以重视。对这种裂缝一定要深入检查分析，并及时进行必要的加固处理。至于不处在结构中重要受剪面附近的裂缝，则其尺寸及走向的斜度只要在规范选材标准允许范围内，一般是不会影响结构安全承载的。

木结构构件裂缝检测应包括裂缝宽度、裂缝长度和裂缝走向。构件的裂缝走向可用目测法确定。裂缝宽度可采用目测、游标卡尺量测、读数显微镜、裂缝宽度检测规（精度0.05mm）相结合的方法进行检测。裂缝长度可用卷尺量测。裂缝深度可用探针量测，有对面裂缝时取两次量测结果的结果之和作为裂缝的深度。

4. 病虫害

现在的建筑大多数都是钢筋混凝土结构，不要认为虫害很少，甚至没有了。其实不然，网上报道："2022年5月29日，不少上海市民反映白蚁集中'分飞'。截至31日凌晨，上海全市54家白蚁防治企业的近500人参与值守和灭治工作。"上海如此，其他地方对虫害的治理就更不能掉以轻心。

木材容易受到腐蚀和虫蛀，蛀蚀主要是白蚁。白蚁是一种活动隐蔽、群居性的昆虫，大多数喜欢在潮湿和温暖的环境中生长繁殖，主要以木材和纤维类物质作为食物。木构件因病虫害造成的腐蚀和蛀蚀与环境有很大关系，房屋中最易发生的地方是：经常受潮通风不良的部位，如屋架支座、立柱的底部，搁栅等；渗漏雨水的部位，如天沟下杆件、节点屋面板、椽条、天窗立柱等；有冷桥、通常受冷凝水侵蚀的部位，如北方高寒地区的屋盖内冷凝水常侵害支座。

虫害检测可采用外观检查或用锤击法首先确定位置，然后通过尺量，测定构件的腐朽范围、长度，用除去腐朽层、探针或电钻打孔的方法结合尺量确定构件截面的削弱程度。

现在有专业的防治白蚁和木腐菌等病虫侵蚀的队伍，他们很有经验，一般都请他们来做，简单省事。

5.3.4 强度检测

1. 土坯强度

现场土坯砌块强度有两种检测方法。一种是把砌块从墙体上取下，若与砖的尺寸相近，按砖的试验方法进行抗压强度试验。第二种是，若砌块接近立方体，可直接整平后进行抗压强度试验。每种试块的个数不少于 3 块，取其试块抗压强度平均值的一半作为砌体强度验算值。

2. 夯土墙强度

夯土墙体现场的抗压强度检测，目前还没有国家标准，可参考采用的方法有三种。

一种是在受检测墙体上切取试件，在实验室加工成 150mm 的立方体试件后进行抗压强度试验。这种方法的难度是试件不便切取，有时破损也较大，修复后抗压试验不能真实地反映夯土墙体的强度。

另一种方法是参照砌体检测砂浆强度的贯入法，这种检测方法的原理和仪器在前一节已做了介绍。

福建省建筑科学研究院有限公司在《福建省地方特色古建筑保护加固关键技术研究》课题中，参照《贯入法检测砌筑砂浆抗压强度技术规程》JGJ/T 136—2001，采用 SJY800 贯入砂浆强度检测仪对福建土楼夯土墙试块进行贯入试验。通过夯土墙试块贯入试验及抗压强度试验，建立起受检材料抗压强度与贯入深度值之间的对应关系，得到测强曲线公式：

$$f^{c}=20.522m_{d}^{-1.292} \quad (5\text{-}3\text{-}1)$$

式中 f^{c}——强度换算值（MPa）；

m_{d}——贯入深度平均值（mm）。

福建土楼试验墙材料采用黏土和砂拌制的二合土，没有粗骨料，粘结性也较好，因此用贯入法建立贯入深度与强度的关系曲线还是可行的，有参考价值。若夯土墙中掺有石子、瓦砾等材料，采用贯入法可能不可行。[14]

第三种是既有土筑墙和三合土筑墙，当不需要准确的夯土抗压强度值时，可通过土工试验检测墙体的干重度指标，参照干重度的大小在15～16kN/m^{3}区间时，采用0.8～1.2 MPa的强度值。要注意的是，当检测干重度部位墙体含水量低，验算部位墙体含水量高时，其强度取值应有折减。

3. 木材强度

现存的木结构建筑通过现场取样来检测物理力学性能指标，有时确有实际困难，并且多数时候也没有取样的必要。若有需要，木材的强度和弹性模量可根据木材的材质、材种、材性和使用条件、使用部位、使用年限等情况进行综合分析。强度标准值宜按《木结构设计标准》GB 50005—2017规定的相应木材的强度乘以折减系数0.6～0.8，弹性模量宜按《木结构设计规范》GB 50005规定的相应木材的弹性模量乘以折减系数0.6～0.9。具体折减系数参考了现行《民用建筑可靠性鉴定标准》GB 50292—2015。

5.3.5 建筑装饰

建筑装饰是建筑的重要组成部分。由于生土建筑修建的时间较长，其上的装饰是佐证房屋历史价值和艺术价值的重要依据，体现了民族、地区、时代的特点，是建设名村、名镇所需建筑群体的重要依托。因此，在检测时，不但不能随意损坏，还应认真检测、记录，以便修复。

建筑装饰包括：建筑屋脊上的泥塑、灰塑、瓷塑、脊兽；梁、柱上的雕刻；门窗框的式样、门窗扇的图案雕刻；附着墙面的壁画彩绘；楼梯、栏杆、栏板的式样；地面、台阶的铺设式样等。

检测时应了解装饰的意义和功能，材料品种、规格和数量，细部构造、病害及残损情况，通过测绘、摄影、录像的方式记录下来。

5.4 以案例说检测方法

5.4.1 背景情况

重庆涪陵大顺碉楼民居建筑群是一座占地近3000m^{2}的四合院。由于房屋分不同时期建造，因此不像一般四合院那样规则对称。根据当地村民的回忆，建筑由八字形大朝门、大院坝、正房、东面穿斗房、西面土碉楼和土碉楼背面的马厩组成。现在其余房屋已毁，只留下碉楼。碉楼与现在周边的关系见图 5-4-1（a）。图中虚线为文物建筑保护范围线。

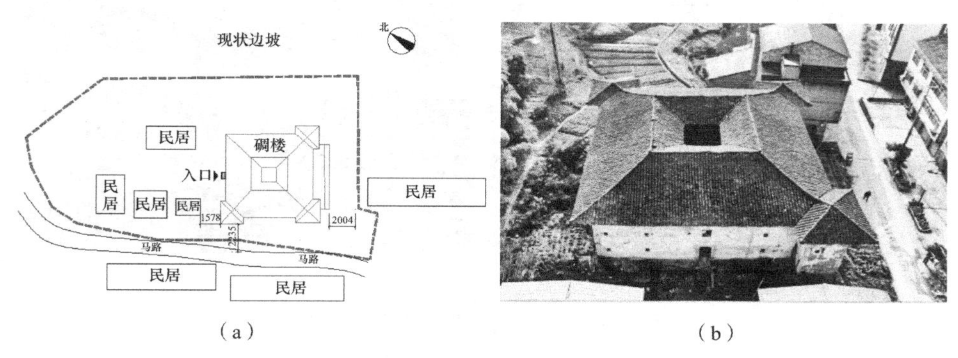

（a）　　（b）

图 5-4-1　大顺碉楼及环境情况

（a）碉楼周边位置关系；（b）空中俯视外貌

大顺碉楼建于清末民初，由三层楼的正方形四合院和在其三个角上的碉楼组成，见图 5-4-1（b）。建筑边长 23.77m，总高 11.04m，占地面积 667.68m^2，建筑面积 1620.6m^2，是中国西南地区迄今保存最为完好的客家土楼。

农村碉楼是避免土匪抢劫，短时间躲避，兼防卫功能的建筑。因此，一般面积小，修得较高，也利于登高望远观察匪徒的行踪。大顺碉楼将四合庭院住宅与碉楼结合，实则就是一座城堡，见图 5-4-2（a）。图中碉楼左侧是北面大门主入口，右侧是西门正对道路，两面墙从上到下都布置了射击孔，南面墙上部和条石围墙上也布置了射击孔。碉楼窗很少，很高。三楼有射击孔的北、西、南三面墙未封顶，靠女儿墙一侧是联系通道，墙高 1.05m，遇到敌情能及时沟通，调整部署，并能居高临下射击，与室内射击形成交叉火力，防卫功能很强，这在传统碉楼中是很少见的。

进入楼内，中部是一天井，内廊柱环绕，四面为木结构房屋。下部一、二层房屋已进行了改造，曾经做成了粮仓，所以木柱支撑在石磩上，将地面与三楼相连，二跑楼梯改建在天井边上。三楼留存部分基本保持了原样，屋脊划分的四坡水归池于内庭天井，见图 5-4-2（b）。室内主要依靠天井采光和透气。

大顺碉楼的结构形式是土墙木框架组合承重房屋，与福建土楼的结构形式相似。由于使用目的不尽相同，地域环境不同，虽然都是客家民居，但建筑形式差别很大。大顺碉楼更有城堡的味道，给人一种威慑、不可侵犯感。

福建土楼的圆形，使建筑显得更和谐宜居。

（a）

（b）

图 5-4-2　大顺碉楼维修前状况

（a）碉楼外貌和射击孔；（b）院内天井和粮仓

新中国成立后，碉楼改为政府粮仓，一层楼面抬高，二层楼板被拆，一层二层连通，形成高 4.8m 的大空间粮库。20 世纪七八十年代左右分配给胡长江夫妇居住。90 年代，院大门和耳房被拆除。随着房屋年久失修，渐成危房，乡人民政府对胡长江夫妇进行排危异地安置，取得了大顺碉楼的使用权。

2019 年，大顺碉楼被纳入重庆市第三批文物保护单位。2020 年，政府出资开始检测、设计、修缮。2022 年，完成修缮。

5.4.2　检测和三维模型的建立

1. 检测内容及步骤

大顺碉楼修建已上 100 年时间，建筑时间悠长，房主和施工匠人早已离世，也没有找到后人，环境改变很大，相关资料很少。为了使碉楼的安全性评估检测方案制定得科学合理，得出的结论有利于设计修复，必须首先对建筑的基本情况、使用状况、周边环境、历史沿革以及图纸资料进行收集和调研。

根据碉楼的建筑结构形式，将其分为：台基、生土墙体、木构件、屋盖和装饰五个检测单元。把每个单元组成的构件进行分解，根据构件材质特性以及结构性能，确定检测项目。

根据对构件（区域）变形、强度、损伤、裂缝、腐朽等项目的检测结果，依据或参照相关的规范标准，对构件和组成的单元进行安全性评估，并提出修复的建议。大顺碉楼具体的检测技术路线见图 5-4-3。

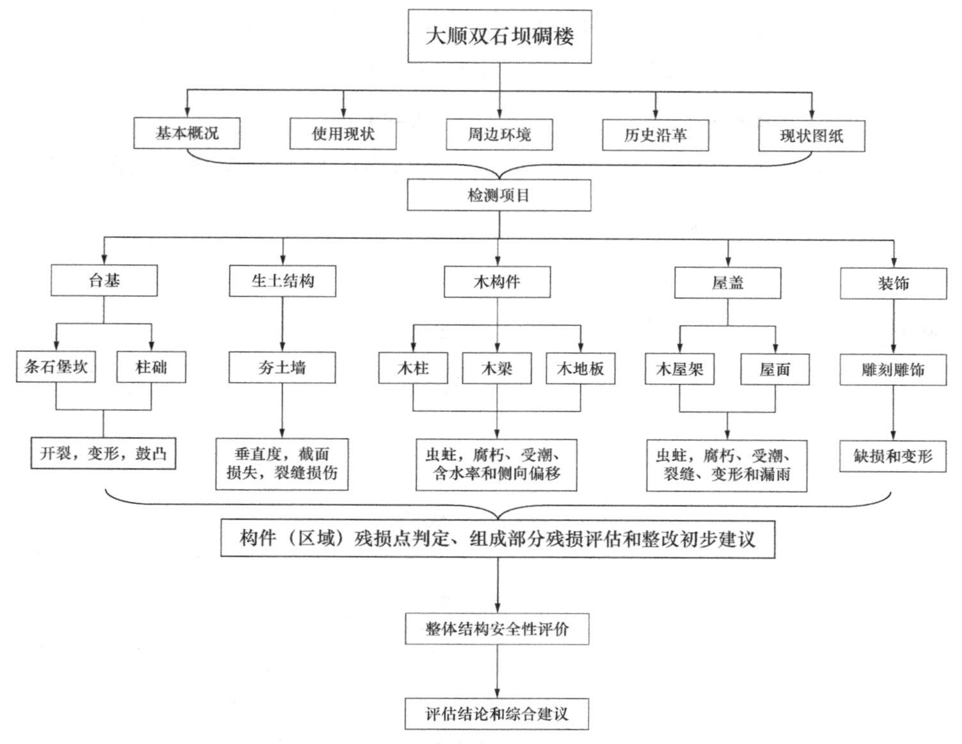

图 5-4-3　大顺碉楼检测技术路线框图

2. 建立三维模型

碉楼建筑的整体状况检测，单元和构件的变形、强度、损伤、裂缝、腐朽等项目的检测，都可以通过建立的三维模型，在计算机上进行测量、分析。在现场只需对隐蔽不能扫描的地方和有怀疑的部位进行复测。经过分析整理的数据又能直接用于设计和施工，以及今后维护管理中的利用。因此，建立碉楼的三维模型是现场检测首先应做的重要工作。

在进行 3D 扫描前，应到现场进行勘察，以确定扫描仪站点的布置。因为 3D 扫描仪在一个站点进行扫描，就代表一个扫描范围与档案。同一幢建筑，扫描仪每多布置一个站点就等于多一个扫描档案，增加了工作量，建筑间的拼接次数，以及完整性。如果扫描人员对环境很熟悉，或建筑很简单，也可以不进行专门的现场勘察，与布设扫描站点一起进行。

碉楼虽然已绘制了图纸，但周边的环境情况、室内的使用状况都不清楚，因此进行了现场勘察。确定作业范围、控制点分布、扫描通视条件、可能的影响因素，制定扫描方案。

这次碉楼数字模型的建立采用法如 Focus3D X 350 三维激光扫描仪。该扫描仪的测距范围最大为 350m，测距精度为 2mm/10m（90%）。由于屋顶顶面无法用三维扫描仪进行架站扫描，因此采用大疆御 DJI mini2 无人机进行高空拍摄，将拍摄的数字照片进行点云文件的格式转换，利用点云拼接形成整体模型。

碉楼采用的三维激光扫描技术路线及与房屋检测的关系，如图 5-4-4 所示。

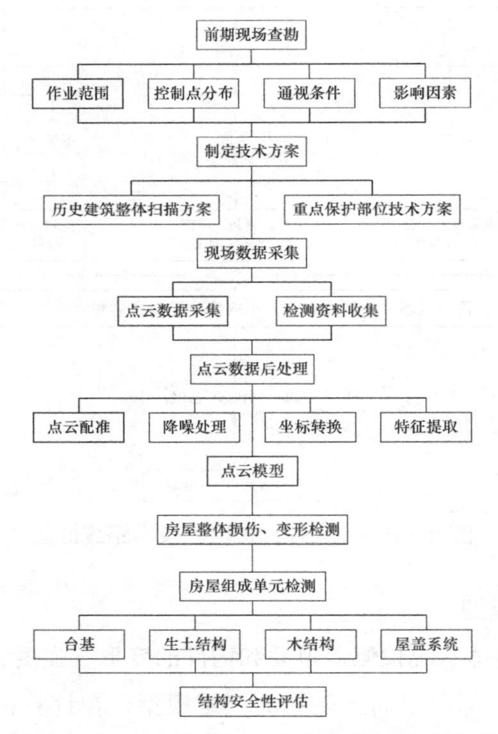

图 5-4-4 碉楼采用三维激光扫描技术路线

法如 SCENE 软件是一款由法如 S350 扫描仪自带的扫描数据处理软件，该软件通过对被测物的扫描数据进行的一系列处理和操作，最终形成点云模型。大顺碉楼通过扫描后的数据处理，形成的三维点云模型，见图 5-4-5。

图 5-4-5 大顺碉楼三维点云模型

3. 点云模型的应用转换

大顺硐楼的点云模型通过转换，能形成画 CAD 平面图、三维展示浏览文件、3D 点云漫游视频、3D 模型建立等功能。实现这些功能的前期处理工具和后期展示软件，见表 5-4-1。

法如 3D 扫描仪可实现功能汇总 **表 5-4-1**

序号	可实现功能	所需软件		目前配套情况
		前期处理工具	后期处理（展示）软件	
1	平立剖二维线画图	法如 SCENE 软件及自带切片插件	AutoCAD 软件	配套齐全（法如 SCENE 版本为 2019.0.0.12 版，CAD 版本为 2017 版）
2	web 2go 本地浏览文件	法如 SCENE 软件及 web 2go 插件	任意本地网页浏览器（可在无网络环境下展示）	配套齐全（法如 SCENE 版本为 2019.0.0.12 版，web 2go 插件随版本更新
3	3D 点云模型漫游视频	法如 SCENE 软件及自带 E1315video 插件，或 pointtools 软件	通用格式的视频播放器	法如 SCENE 软件及自带 E1315video 插件配套齐全，pointtools 软件暂无
4	3D 实体模型	法如 SCENE 软件及自带点云工具	3D max 等建模软件	建模软件暂无

该点云模型可经过 SCENE 软件、插件或其他软件等手段处理，进行后续的三维模型建立、二维平面图绘制、3D 漫游视频制作、webshare 2 go 本地浏览文件等可视化编辑模型文件。点云数据应用转换示意见图 5-4-6。

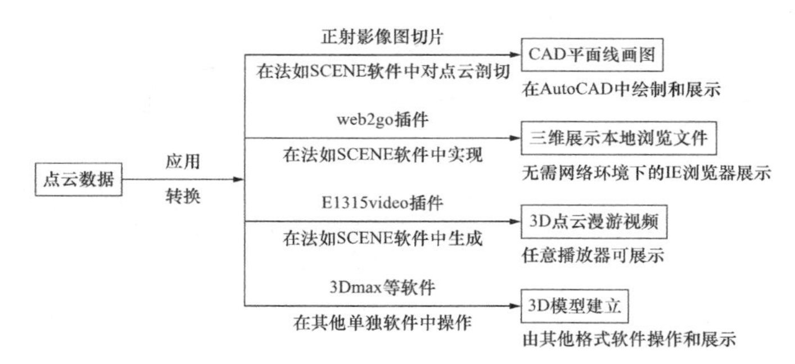

图 5-4-6 点云数据应用转换示意图

5.4.3 硐楼模型的使用

1. 图纸复核

对建筑整体点云模型进行切片处理，通过正射影像得到建筑的立面图，水平剖切获得建筑平面图，竖直切开得到建筑的剖面图，制图非常方便。

碉楼由于已有维修设计图纸，施工前的安全性评估，建立的数字模型，只对图纸进行了复核和局部修正。以下分别给出了平、立、剖三个图进行比较，见图 5-4-7～图 5-4-9。

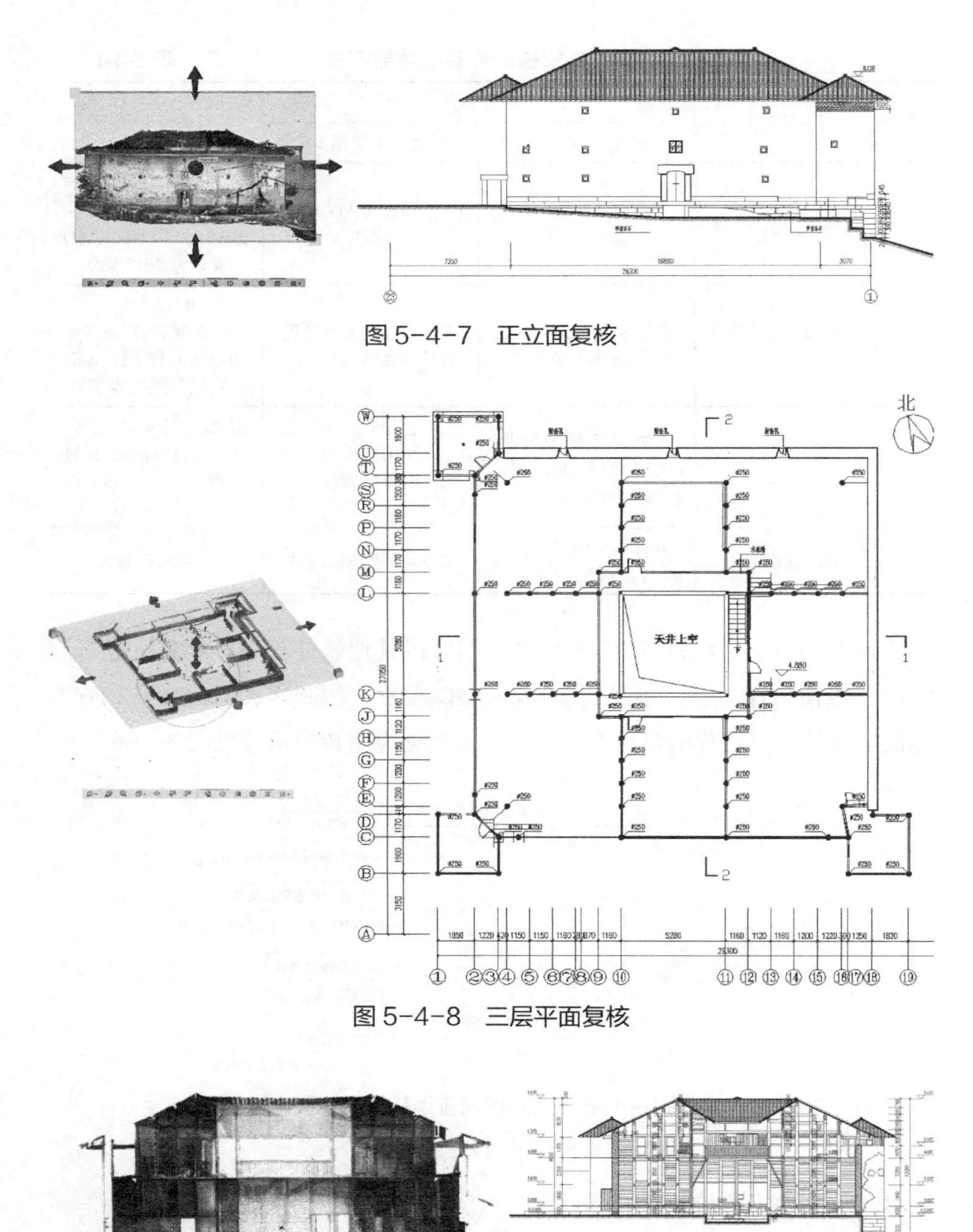

图 5-4-7　正立面复核

图 5-4-8　三层平面复核

图 5-4-9　剖面图纸复核

在其他既有建筑工程中，有时也能找到一些不齐全的图纸、资料。通过3D扫描获得的现状图，不但使图纸得到完善，还可以评判是否进行过改造，以及使用状况的分析。

2. 房屋整体变形、单元构件变形检测

根据碉楼点云模型对需要测量的房屋整体变形和偏移、木构件变形和侧向位移。以及夯土墙检测区域内顶端位移偏移情况进行模型切割，利用实际切除的比例为 1 ∶ 1 的切片进行变形和偏移量的测定。

图 5–4–10 是对夯土墙分朝向进行整体剖切，采用内标尺对剖切墙体整体测量偏移和变形情况。通过分区测量结果对整体偏移和变形作出评判，将在后面夯土墙检测中分析。

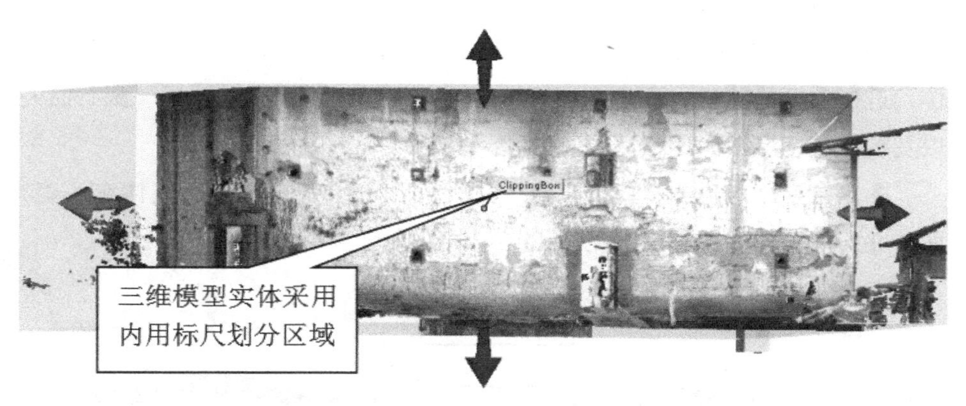

图 5–4–10　分朝向剖切夯土墙体测量

图 5–4–11 是把检测区域的木柱、木梁、楼板等构件单独剥离出来，检测构件的具体尺寸、立面缺损、垂直度偏移情况，与现场实际检测数据进行对比并形成最终检测结果。图 5–4–12 是对图 5–4–11 的单榀构架或区域，测量和整理检测结果。

以上只是对夯土墙和木构件的整体检测作了非常简单的说明，主要是便于对检测数据获得方法加以了解。其余单元的情况类似，就不再说明了。

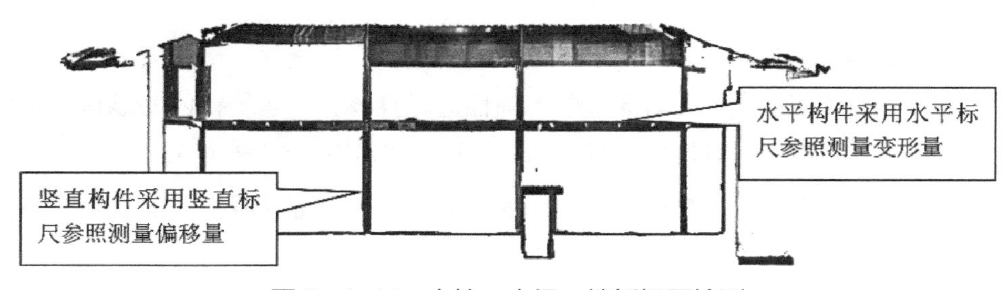

图 5–4–11　木柱、木梁、楼板切面检测

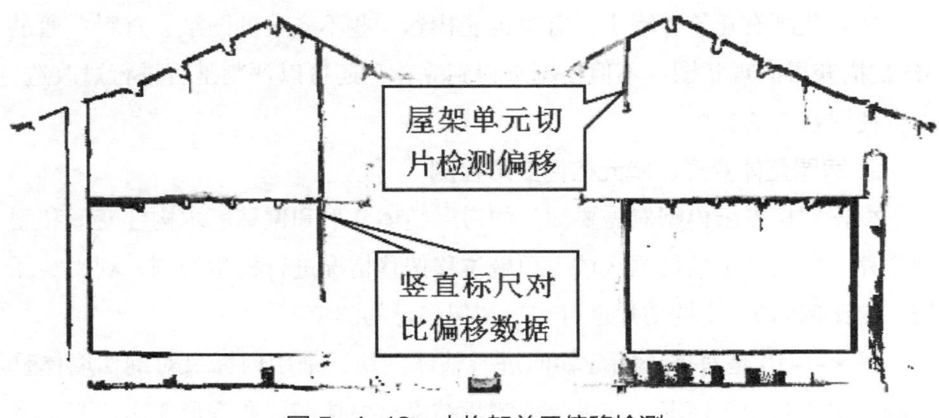

图 5-4-12 木构架单元偏移检测

3. 墙体残损检测

利用点云模型检测生土结构，先通过模型外部整体观察和记录缺损部位，进行分区检测后，逐步剖切区域位置，记录和测量夯土缺损、截面损失以及构件（区域）内偏移情况。

图 5-4-13 是根据模型立面分区并观察和记录残损部位，具体东、南、西、北四面墙体的检测情况见后面夯土墙体检测。

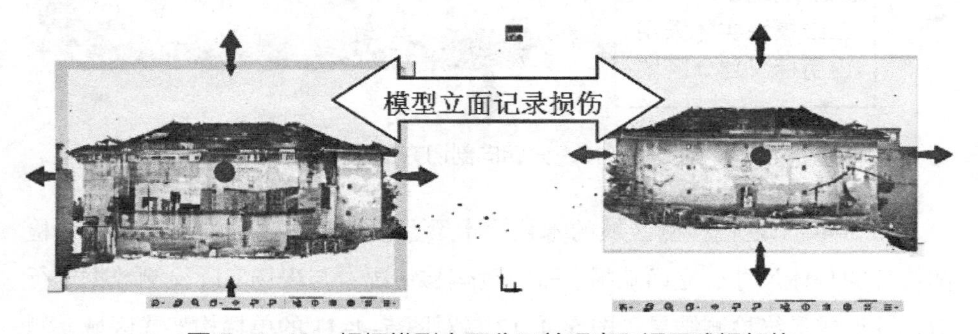

图 5-4-13 根据模型立面分区并观察和记录残损部位

图 5-4-14 是碉楼第三层外围女儿墙、木柱和屋盖，用浏览文件内标尺测量损伤范围和位置。图 5-4-15 是剖切模型用浏览文件内标尺测量墙体损伤的具体数据，以及尺寸和偏移数据。

4. 初步情况分析

利用碉楼整体模型，对图纸的准确性进行复核，对建筑整体变形和单元构件变形进行测量、对损伤进行检测，所得结果的基本情况如下：

（1）台基现状使用情况正常，无明显因沉降或上部荷载作用引起的开裂及侧向变形情况。

（2）夯土墙整体无明显的侧向变形和位移，局部区域存在有安全隐患的

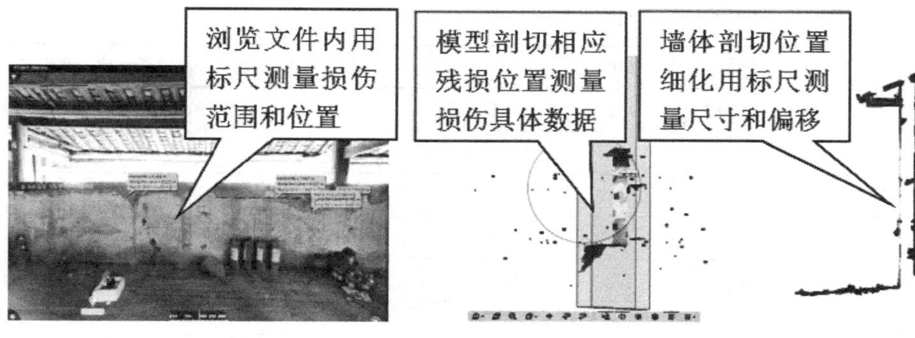

图 5-4-14　测量表面残损范围　图 5-4-15　测量墙体损失部位、尺寸及偏移

开裂和截面损伤。

（3）通过模型剖切的木构架整体无明显的侧向位移和变形等情况，部分木构件存在肉眼可见的糟朽、腐朽和受潮侵蚀的现象。

（4）通过无人机扫描结果观察，屋盖多处存在明显瓦片缺失现象，沿天井内侧的屋檐下挠明显，局部檐口断裂变形严重。

虽然通过碉楼的三维模型获得了初步分析结果，但对于各种构件与组成的单元，还要根据其他的检测结果按照相关的规范和标准进行评估，以便作出相应的维修建议。对于一些历史建筑的检测评定没有完全适用的标准，可以参照相关标准进行评估。夯土墙的检测评估就存在这种情况，下面进行专门的讨论，以供读者参考使用。

5.4.4　夯土墙体检测评估

1. 截面尺寸、高厚比

碉楼夯土外墙因有抹灰，虽已大部脱落，但脱落前起到了保护作用，除个别部位因人为造成的损伤较严重外，墙面整体损伤对安全影响不大。内墙除与外墙同一部位损坏严重，其余可见部位损伤不严重。内墙底部通过窥视镜观察，基本完好。因此，以各层测量尺寸的平均值作为各层墙体厚度（不含抹灰层）。原有三层墙体的高厚比见表 5-4-2。表中轴线号位置见图 5-4-16。

夯土墙截面尺寸检测及高厚比　表 5-4-2

序号	层数	轴线号	截面厚度实测值（mm）	土墙高度（mm）	高厚比［β］	
1	1F	W/10	510（含表面抹灰层）	3460	6.9	11.4
2	1F	W/14	495（不含表面抹灰层）			
3	1F	S/2	512（含表面抹灰层）			
4	1F	S/21	498（不含表面抹灰层）			

续表

序号	层数	轴线号	截面厚度实测值（mm）	土墙高度（mm）	高厚比［β］	
5	2F	W/10	495（不含表面抹灰层）	2250	4.5	11.4
6	2F	W/14	496（不含表面抹灰层）			
7	3F	C/10	510（含表面抹灰层）	2400	4.8	4.8
8	3F	C/14	515（含表面抹灰层）			
9	3F	K/2	498（不含表面抹灰层）			
10	3F	P/2	495（不含表面抹灰层）			

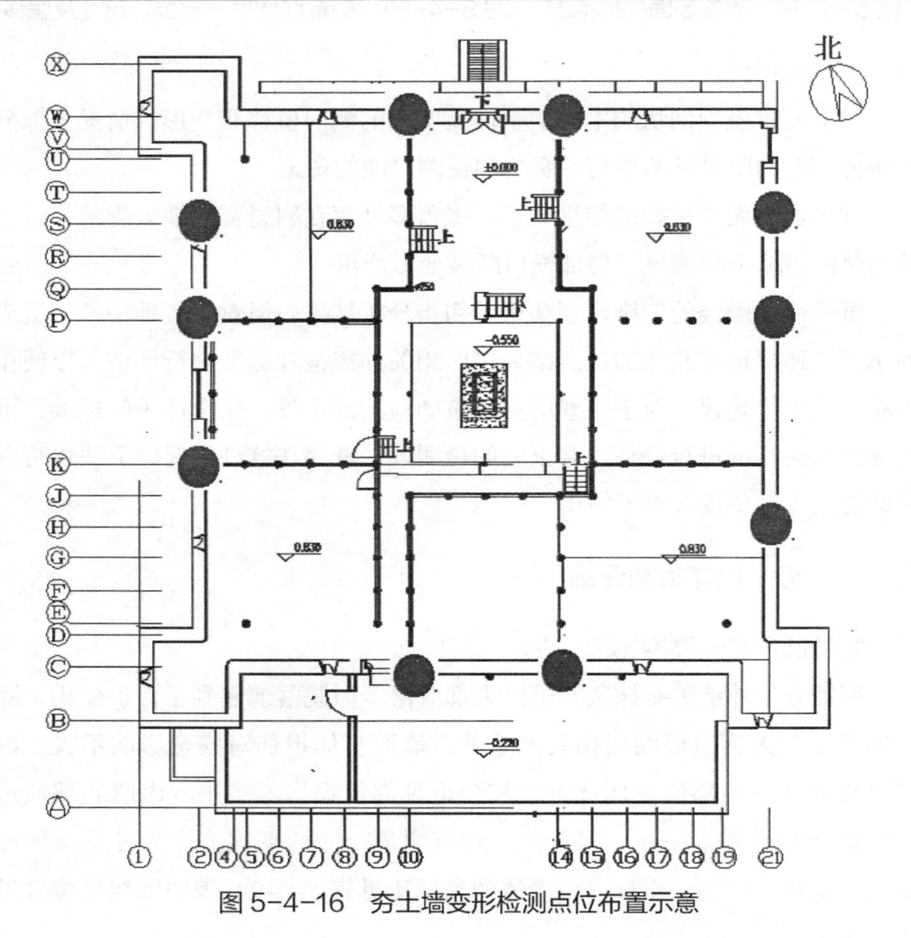

图 5-4-16 夯土墙变形检测点位布置示意

从表 5-4-2 中可见，修建时三层的高厚比都较小，不超过 7。一、二层合成一层后，高厚比为 11.4，仍小于 73《规范》中两层承重墙的高厚比允许值为 12 的要求，因此墙体是稳定的。

2. 夯土墙强度

采用砂浆回弹仪和砂浆贯入仪对夯土墙表面进行强度测试，由于夯土墙表面覆盖土层多处松散，砂浆回弹仪无法取得有效数据，因此采用 SJY800

贯入仪对墙体进行贯入深度测试，结果见表 5-4-3。

夯土墙贯入深度检测结果 **表 5-4-3**

序号	层数	轴线位置	测位数量（个）	贯入深度实测值（mm）	贯入深度平均值（mm）
1	1F	W/（2–21）	5	6.5	6.74
2			5	7.6	
3			5	7.3	
4			5	7.2	
5			5	7.1	
6	1F	（D–W）/21	5	8.1	7.32
7			5	7.2	
8			5	7.2	
9			5	6.8	
10			5	7.3	
11	2F	W/（10–14）	5	6.8	7.08
12			5	6.7	
13			5	7.2	
14			5	7.5	
15			5	7.2	
16	3F	（D–W）/2	5	6.0	7.05
17			5	7.1	
18			5	6.9	
19			5	8.2	
20			5	6.3	
21	3F	（D–W）/21	5	7.8	6.75
22			5	6.2	
23			5	6.6	
24			5	6.6	
25			5	7.0	

参照《贯入法检测砌筑砂浆抗压强度技术规程》JGJ/T 136—2017，在贯入深度为 7.3mm 时，砂浆强度为 2.2MPa，该房屋夯土墙平均贯入深度为 6.98mm，按砌体砂浆可近似地判定其强度在 2MPa 左右。

表 5-4-4 是福建省建筑科学研究院有限公司在《福建省地方特色古建筑保护加固关键技术研究》课题中，福建土楼夯土墙试块抗压强度试验及采用 SJY800 贯入式砂浆强度检测仪所得贯入深度试验汇总表，其曲线回归公式见式（5-3-1）。[14]

福建土楼夯土墙试块抗压强度试验及贯入试验汇总表　　表 5-4-4

试件分类	试件来源	试块数量	贯入深度		抗压强度		
			平均值（mm）	相对标准差（%）	分组平均值（MPa）	相对标准差（%）	分类平均值（MPa）
历史墙	万盛楼	6	8.36	25	1.44	38	1.27
	环兴楼	6	9.21	10	1.22	17	
	中柱楼	6	10.02	31	0.88	19	
	九盛楼	6	8.95	2	1.3	14	
	永定夯土民居 –A	6	8.36	16	1.06	28	
	永定夯土民居 –B	6	9.97	24	1.72	17	
新墙	试验墙 1～6	6	9.68	9	0.83	6	1.16
		6	10.26	11	0.91	15	
		6	9.32	48	1.12	22	
		6	9.10	15	1.24	42	
		6	8.39	13	1.33	18	
		6	7.69	24	1.54	14	

大顺砌楼和福建土楼夯土墙体采用同一种贯入仪进行强度检测。虽然，大顺砌楼的贯入深度（表 5–4–3）比福建土楼的贯入深度小（表 5–4–4），但由于两者的土质不同，并不能说大顺砌楼夯土墙的抗压强度比福建土楼的抗压强度高。福建土楼的抗压强度平均值 1.27 MPa。大顺砌楼夯土墙抗压强度是参照《贯入法检测砌筑砂浆抗压强度技术规程》JGJ/T 136—2017 计算得到的。综合考虑，大顺砌楼夯土墙强度验算值取 1.0MPa，其实也是能满足承载力计算要求的。

3. 墙体变形检测

现场采用激光放线仪结合 3D 扫描仪扫描模型对夯土墙进行侧向变形检测。参照《近现代历史建筑结构安全性评估导则》WW/T 0048—2014（以下简称《导则》）中要求，当砌体结构构件出现变形，变形数值大于表 5–4–5 规定的限值时，不满足一级评估。

砌体构件变形限值　　表 5-4-5

检查项目	变形要求
侧向弯曲矢高（mm）	$h/350$
倾斜率（%）	0.6
注：h 指层高（mm）	

《导则》中的砌体结构不包括生土建筑。砌体构件的倾斜率要求小于0.6%，本工程按0.3%进行评定。碉楼夯土墙体高为8.1m，倾斜限值为24.3mm，进行顶点侧向位移判断，具体检测部位见图5-4-16。该图为一层平面图，图中圆点为检测点，图中下部区域是厨房，不属于城堡主体。检测结果见表5-4-6。

夯土墙顶点侧向位移检测结果评价　　表5-4-6

序号	轴线位置	顶点侧向位移限值	侧向变形	顶点侧向位移实测值（mm）	偏移量占限值百分比（%）	结果评价
1	W/10	24.3mm	无明显鼓凸变形	北偏5	21	满足要求
2	W/14		无明显鼓凸变形	北偏12	49	满足要求
3	S/2		无明显鼓凸变形	西偏5	21	满足要求
4	S/21		无明显鼓凸变形	东偏3	12	满足要求
5	P/2		无明显鼓凸变形	西偏6	25	满足要求
6	P/21		无明显鼓凸变形	东偏11	45	满足要求
7	C/10		无明显鼓凸变形	南偏10	41	满足要求
8	C/14		无明显鼓凸变形	南偏4	16	满足要求
9	K/2		无明显鼓凸变形	西偏13	53	满足要求
10	H/21		无明显鼓凸变形	西偏7	29	满足要求

从检测结果来看，房屋夯土墙墙身侧向凹凸变形无明显异常情况。各处墙体均存在一定的侧向偏移，侧向位移均满足参考的《导则》中限值的要求。从检测值来看，四面墙体上部均有一定的外倾趋势，但不明显，估计与温度有关。

4. 墙面风化和裂缝检测

为便于检测和描述夯土墙体因风化造成墙体截面的减少和典型裂缝情况，将房屋四面外墙各作为一个检测单元，每个单元墙体根据情况划分为7～9个区域。

每个区域检测该墙体截面因风化损伤最大深度位置，并按500mm的墙厚计算该截面的损失率。具体每个部位墙面的损失率，见各墙面检测结果表。其实，墙体截面的风化损伤危险程度，不但与深度有关，还与面积有关，与所处的位置有关，这里只是一种类型的简化描述，但在检查时这些方面都注意到了，这里没有深入地阐述。

为了完整地展示每一面墙，采用的是三维扫描图片，像素较照片低一些，但正面尺寸和比例比一般照片准确。如裂缝在墙面上的位置、长度和宽度可以用软件带的标尺准确地测量到。该建筑夯土墙体的裂缝较多，靠近底部的裂缝比较密，多数较细、较短，因此每一区域选择最长或最宽的裂缝进行描述。裂缝的深度，用眼睛观察，并用细铁丝插入确定深度。具体裂缝的位置和测量数据见各墙面检测结果表。

碉楼的四面墙体虽然同属一幢建筑，一般采用抽检的方式。但修建时各个面的功能不完全一样，所处的环境不尽相同，受到人为的损伤不同，经过几十年、上百年后，墙面的表现是不一样的，值得进行比较。不但对碉楼的修缮有帮助，也为今后的工程检测积累经验。

（1）北墙面检测情况

北立面是碉楼的入口，从现有四周的地形和建筑情况分析，该入口正对原来的主庭院，这样可以方便进出。墙面的抹灰层靠边部的脱落较多，中部较少，见图 5-4-17。正对入口的右面（即西面）是庭院的大门。图 5-4-17 墙体左侧残留的石门框是以前马厩入口处。

北立面墙划分了 7 个区域进行检测，划分情况见图 5-4-18。由于是示意图，主要是标明区域的划分和文字说明，因此比较简洁。图中标的 B6 截面 1850mm，说的是碉楼转角区域 B6 的宽度。以下示意图相同。

图 5-4-17 北立面三维扫描图片

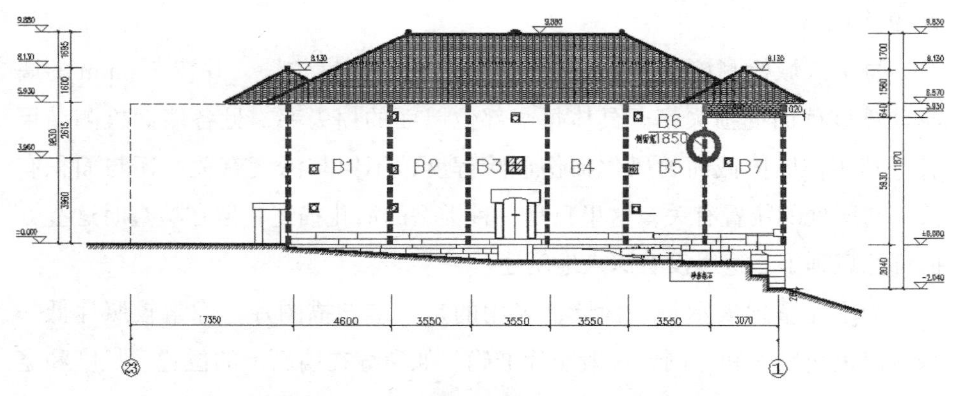

图 5-4-18 北墙面检测区域划分示意图

北墙面的抹灰脱落、风化和裂缝分布情况见图 5–4–19。墙面的损伤情况是根据三维模型绘制的。

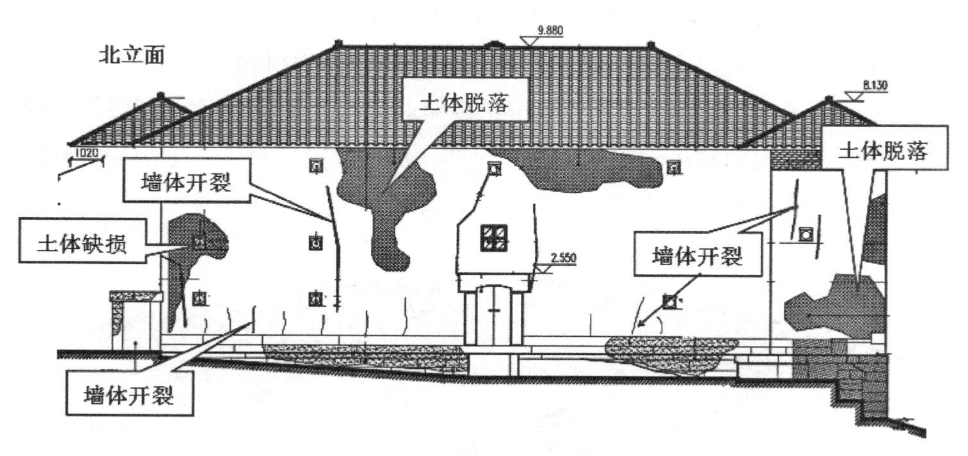

图 5–4–19 北墙面风化和裂缝分布示意图

墙面的损伤情况是根据三维模型绘制的。墙面典型风化损伤和裂缝检测结果见表 5–4–7。

北墙面典型风化损伤和裂缝检测结果　　表 5-4-7

区段	截面最大损失率		裂缝情况		
	最大深度（mm）	损失率（%）	位置	长度、宽度	深度（mm）
B1	30	6	上部射击孔右侧 300mm	长 2.2m，宽 4.5mm	约 30
			地面向上 250mm 范围	长约 2m，宽 2～4mm	最大 20
B2	18	3.6	射击孔右侧 100mm	长 2.9m，宽 15mm	约 150
			地面向上 250mm 范围	长约 2m，宽 2～4mm	最大 20
B3	32	6.3	射击孔和门上两侧	长 1.2m，宽 15mm	100
B4	35	7	地面向上 250mm 范围	长约 2m，宽 2～4mm	最大 20
B5	20	4	地面向上 250mm 范围	长 1.5m，宽 2～5mm	最大 15
B6	12	2.4	地面向上 200mm	长 1.5m，宽 3mm	最大 15
B7	18	3.6	沿射击孔两侧竖向裂缝	长 3.2m，宽 18mm	贯穿墙体

从图 5–4–17 和图 5–4–19 可见，北墙面的抹灰层脱落与西立面比不算严重，大部分抹灰层还在。从表 5–4–7 可见，墙面因风化造成夯土墙体表面脱落的深度不大，最大损失量只有 6%，不会影响墙体安全。大门入口上部墙体的两条竖直裂缝，和 B7 射击孔两侧贯穿性竖直裂缝已给墙体造成了安全

隐患，维修时必须进行处理。

（2）西墙面检测情况

由于碉楼建在一个缓坡上，东高西低，因此西侧是用条石挡墙抬高地坪，西面夯土墙直接放置在条石挡墙上。西面墙位于道路一侧，交通便宜。墙体中部开有一门，在图 5-4-20 中正被树遮挡处。估计门是在碉楼作为粮仓使用时，为收购和运输粮食方便而设的。从门上没有过梁、上部墙体破碎也说明门是后来开的。墙的左面是大院入口处。

图 5-4-20　西墙面三维扫描图片

西墙面检测区域划分为 9 个，见图 5-4-21。为便于表述区分，以及后来的设计、施工时好判断，不致搞混，四面墙分区编号的大写字母是不相同的。

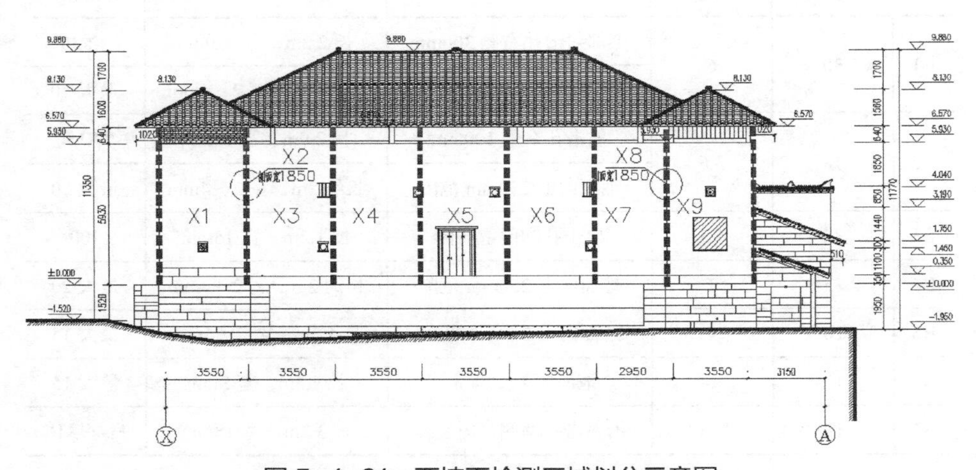

图 5-4-21　西墙面检测区域划分示意图

西墙面的抹灰脱落、风化和裂缝分布情况见图 5-4-22。墙面的损伤情况是根据三维模型绘制的。墙面典型风化损伤和裂缝检测结果见表 5-4-8。

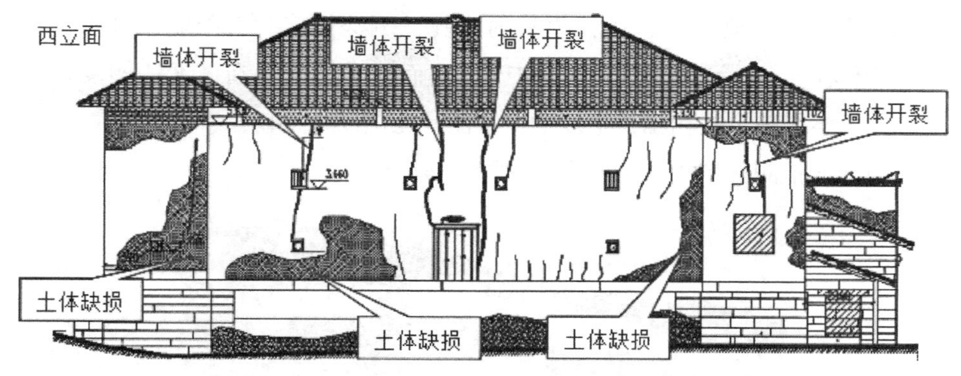

图 5-4-22 西立面墙体风化和裂缝分布示意图

西墙面典型风化损伤和裂缝检测结果 表 5-4-8

区段	截面最大损失率		裂缝情况		
	最大深度（mm）	损失率（%）	位置	长度、宽度	深度（mm）
X1	15	3.0	顶部向下 1～2m 范围	长 1.2m，宽 15mm	约 120
X2	30	6.1	顶部向下 2m，离墙边 300mm	长 2m，宽 20mm	200
X3	25	5.1	窗角右侧上部至顶开裂	长 1.2m，宽 15mm	150
X4	35	6.9	无	—	—
X5	200	40.0	门两边上部至顶竖向开裂	长 2.8m，宽 30mm	贯穿墙体
X6	15	3.0	无	—	—
X7	130	26.0	离墙底 2.8m 竖向	宽 6mm	130
X8	120	23.9	无	—	—
X9	30	6.0	顶部向下 1.5m 竖向	长 1.5m，宽 10mm	100

从图 5-4-20 和图 5-4-22 可见，墙面抹灰脱落比较严重，下部抹灰脱落面积比上部大。该墙体是在使用期间，受到人为破坏最严重的一面墙。除开了门以外，在 X9 区还开过一个大的方形洞，后又填上，用途无法考证。该墙体受风化和人为破坏，截面损失率超过 20% 的部位有三处。墙面粗长裂缝较多，尤其是开门上部的两条贯穿性裂缝，使其中部成了独立破碎的砌体，非常危险。

（3）南墙面检测情况

南墙面两侧碉楼之间建有一层瓦屋面斜坡房屋，见图 5-4-23。房屋西、南和东三面是条石墙体，南面墙体直接放置在条石挡墙上，东面条石墙体上有风火夯土墙。风火墙的土质和外观风化情况与碉楼一致，应是同时修建的。斜坡木屋架是由木柱支撑，没有放置在碉楼的夯土墙上，目前室内是厨房和圈舍。室内碉楼一侧墙体没有射击孔，碉楼修建时有围墙，遮挡了视线，墙体上面和旁边有射击孔。由于南墙面前房屋的存在，无法架设扫描仪，立面不能完全被扫描，形成的三维图片见图 5-4-24。

南墙面检测区域划分为 9 个，见图 5-4-25。

图 5-4-23 碉楼南立面照片

图 5-4-24 南墙面三维扫描图片

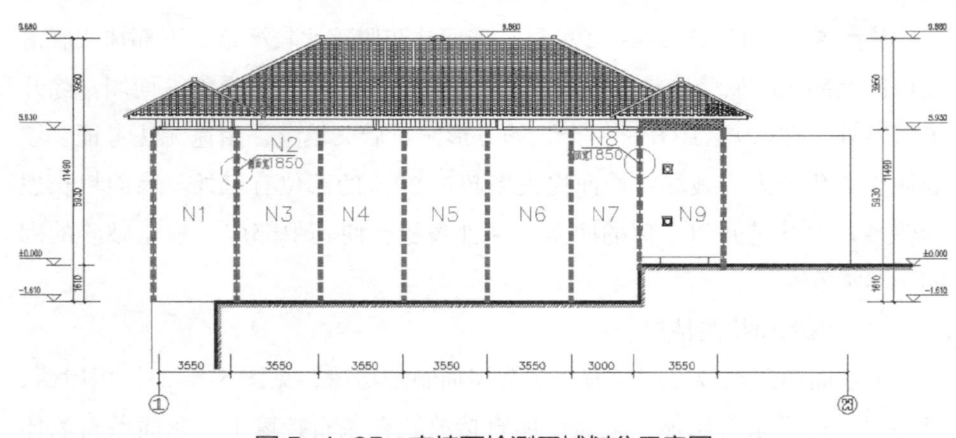

图 5-4-25 南墙面检测区域划分示意图

南墙面的抹灰脱落、风化和裂缝分布情况见图 5-4-26。墙面的损伤情况是根据三维模型绘制的。墙面典型风化损伤和裂缝检测结果见表 5-4-9。

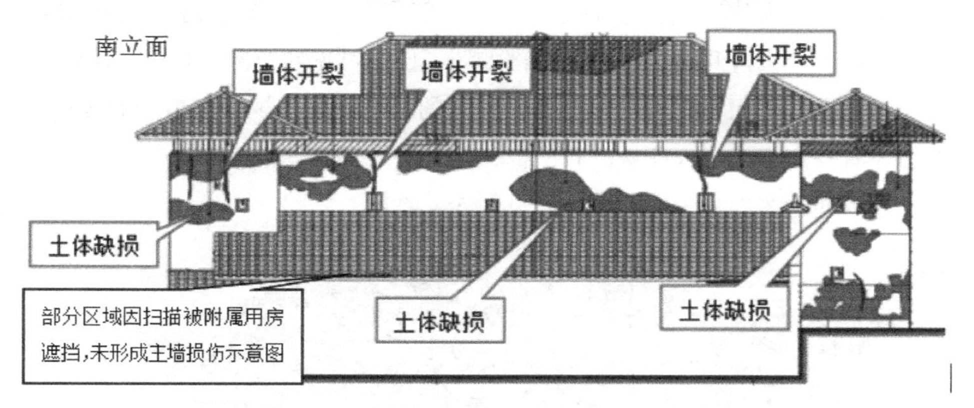

图 5-4-26 南墙面风化和裂缝分布示意图

南墙面典型风化损伤和裂缝检测结果 表 5-4-9

区段	截面最大损失率		裂缝情况		
	最大深度（mm）	损失率（%）	位置	长度、宽度	深度（mm）
N1	30	6.0	顶部中央位置向下	长 1.5m，宽 20mm	150
N2	25	5.1	顶部 2m 范围，多条	长 0.3m，宽 5mm	25
N3	10	2.0	顶部 2m 范围，多条	长 0.3m，宽 4mm	28
N4	28	5.6	木窗上部 1.8m 至顶	长 1.8m，宽 220mm	贯穿墙体
N5	30	5.9	顶部 2m 范围，多条	长 0.3m，宽 6mm	30
N6	35	6.9	顶部 2m 范围，多条	长 0.2m，宽 5mm	25
N7	39	7.8	木窗上部严重开裂	长 1.8m，宽 280mm	贯穿墙体
N8	40	8.0	无	—	—
N9	40	8.0	下部射击孔右侧 300mm	长 1.5m，宽 10mm	100

由于碉楼南面下部有房屋遮挡，并有抹灰，墙体风化程度不严重，裂缝少、细。表 5-4-9 中碉楼墙体风化损伤和裂缝的情况主要是在上部。夯土墙体的风化损伤不是很严重，但上部墙体开裂严重。特别是墙体顶部，N4 与 N7 顶部裂缝的宽度，应是从裂缝发展成为局部风化破损。

（4）东墙面检测情况

东面墙除了左边角部碉楼墙体外露，其余就是马厩的位置，见图 5-4-27 和图 5-4-29。马厩墙面没有射击孔，墙面抹灰一直到顶，表明马厩的屋面与碉楼屋面相接。马厩抹灰墙面有三道土墙的印迹，宽度 100mm 左右。从宽度和外露的生土墙体状况分析，应是木构架柱的位置，这样室内才能形成较大的空间，便于马的活动和饲养。墙面水平排列的圆木位置，估计是堆草料的楼层。

笔者2014年考察时，外墙还在，木构架没有了，从形式分析应是斜坡屋面。时隔6年去检测时，外墙已全部毁坏，倒塌可见残留部分是土坯墙体。

马厩右侧的入口是石门框，仅作为马的居所，是否规格太高。碉楼东面墙体还有一个直接进入碉楼的石门框，估计马厩还有其他用途。

东墙面检测划分为9个区域，见图5-4-28。

图5-4-27 东墙面三维扫描图片

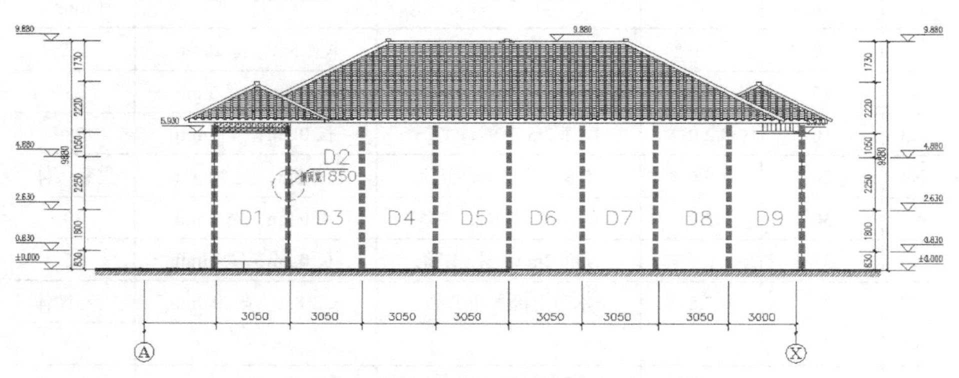

图5-4-28 东墙面检测区域划分示意图

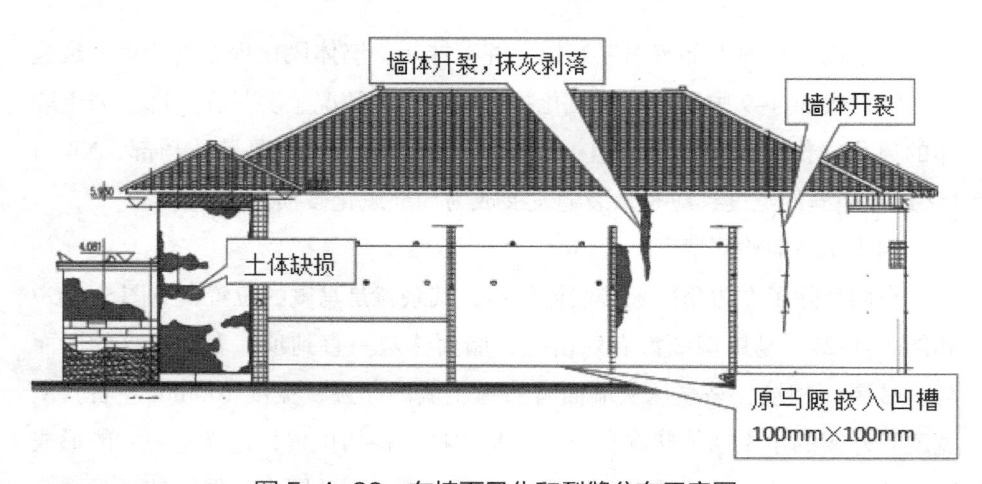

图5-4-29 东墙面风化和裂缝分布示意图

东墙面的抹灰脱落、风化和裂缝分布情况见图 5–4–29。墙面的损伤情况是根据三维模型绘制的。墙面典型风化损伤和裂缝检测结果见表 5–4–10。

东墙面典型风化损伤和裂缝检测结果　　表 5-4-10

区段	截面最大损失率		裂缝情况		
	最大深度（mm）	损失率（%）	位置	长度、宽度	深度（mm）
D1	120	23.8	距右侧 200mm 竖向	竖向通长，宽 8mm	15
D2	20	4.0	距左侧 200mm 中部	长 1.2m，宽 4mm	10
D3	90	17.8	无	—	—
D4	30	5.9	无	—	—
D5	120	24.1	无	—	—
D6	25	5.1	顶部向下 3m 竖向	宽最大达 25mm	80
D7	95	19.2	离墙底 2.5m 处	长 1.8m，宽 8mm	20
D8	40	8.0	无	—	—
D9	130	26.0	离墙底 2m 处多条竖向	长 0.9m，宽 20mm	50

东墙面的截面损伤，除了风化的影响，也包括人为的作用，以及马厩的废弃垮塌给碉楼局部造成的损坏。

东墙面除了 D1 外，其余部分都被马厩的墙体和屋面遮挡，墙面的风化和裂缝相对较少。表 5–4–10 中，D3、D5 处虽然深度较大，但范围小，因此破损轻微，只需进行修补。

墙体下部有一条贯穿马厩的凹槽，截面尺寸为 100mm×100mm。从外观分析，存在时间已很长，作何用处不清楚。这条沿墙贯通的槽显然对其墙体的受力性能有一定影响，维修时要填实。

5.4.5 门洞与墙体损伤

一幢建筑的门窗洞口是最容易出现裂缝的地方，夯土几乎没有抗拉能力，因此在这些部位裂缝更明显，更易出现安全隐患，一定要注意观察和检测。

碉楼修建时有北大门、南门、东门三座门，它们都采用条石门框，见图 5–4–30。门面都很简洁，这与楼内的装饰很简单是一致的。

碉楼北大门入口处刻的“伟大的中国共产党万岁”“伟大的领袖毛主席万岁”和上方正中的五角星是后来雕刻的，见图 5–4–30（a）。条石门框与夯土墙间有较大的缝隙，门上方左右两侧有倒八字裂缝向上延伸，但室内门框周边墙体完整，没有修补痕迹，与条石门框接触得还是很好，见图 5-4-30（b）。这表明入口门框上的字和五星是在原有门框上雕刻的。门背后门框中部的孔洞是插抵门栓的，现已不易见到。

南门和东门的石门框与夯土墙体接触得很紧密，门框上部也没有裂缝，见图 5-4-30（c）和图 5-4-30（d）。这表明施工质量很好，使用没有北大门频繁，也没有进行过任何改造。

马厩留存下来的石门框与东门的规格是一样的，见图 5-4-30（d）。表明马厩不应只是马的居所。

（a） （b）

（c） （d）

图 5-4-30 碉楼修建时的石门

（a）北大门入口及墙面；（b）北大门入口内门构造；

（c）南门入口及墙面；（d）东门与马厩门

西墙的门是后来开的，由于事先没有预埋门过梁，使其门上部形成了两条竖向裂缝，表明在开洞过程中没有形成“拱”的作用，把荷载传递到周边墙体，见图 5-4-31（a）。中部形成独立块体，存在很大的安全隐患。这张照片是笔者 6 年前考察时拍的，裂缝虽有所发展加大，但倾斜不明显，这与马厩外露墙体垮塌比较还是不一样的，主要与墙体有屋盖保护不受雨淋、墙顶的压顶石约束、墙体上支撑木梁的拉结作用、使用影响小等因素有关。

西墙右侧碉楼墙上曾经开了一个方窗洞，见图 5-4-31（b）。从碉楼的防护功能来看，不可能在建造时就开了这样大的洞，并且也没有过梁，开洞显然是后来的事情。洞口后用砖封堵，但洞口上的对称裂缝则非常明显，即宽度较大。左右两边靠墙的竖直裂缝，表明纵横墙体连接较差，产生了收缩裂缝。这是夯土墙体常见裂缝，在受到剧烈振动时，裂缝会加宽，甚至导致墙体垮塌，例如，遇到地震。

（a）

（b）

图 5-4-31　西墙面开的门窗洞口

（a）西墙面开的门洞；（b）开的方窗洞

5.4.6　墙体的安全性评价

夯土墙体没有发现因基础变形或沉降引起的裂缝和倾斜。使用 100 多年时间，墙体的垂直度仍然满足现行相关标准的要求。

根据夯土墙体检测的参考抗压强度值和墙体的实测尺寸，按 73《规范》进行承载力计算，满足使用要求。

该建筑使用中改为粮仓，没有造成墙体开裂和局压破损的情况。墙体的高厚比满足 73《规范》的限值规定。

墙体表面的破损主要是因风化、改造、凿打造成的，除个别区域外，最大深度都小于截面的 1/4，并且范围不大，也不在容易给墙体造成安全隐患的位置，因此夯土墙整体是安全的。西墙中部后开门洞上方的墙体，已孤立成块，有垮塌风险，应进行填实、夯筑处理。表面风化面积较大、深度较深的部位，可以用胶泥修补处理。

该建筑夯土墙体的裂缝主要是收缩裂缝。其规律是靠近基础部位墙体裂缝密，墙体顶部的裂缝宽。裂缝宽度一般小于 20mm，深度小于 200mm，贯穿性裂缝不多。墙体顶部贯穿性裂缝较多，宽度也较大，这与墙体约束较小，温度、风化作用有关。较宽的贯穿性裂缝，可以剔槽用胶泥填实，一般裂缝可以采用灌浆处理，细裂缝作表面封缝处理，微小裂缝可以不处理。

该建筑夯土已有100多年历史，没有大的毁坏，保存得较好，最主要的原因是：基础没有变形；屋盖漏风雨不严重；墙体内外都有抹灰。四面墙体裂缝比较：东面墙马厩部分全部被遮挡，裂缝最少；南面墙下部是厨房，墙体被遮挡，裂缝宽度明显比上部未遮挡部分小；西面随意开洞，裂缝增多变大，也造成局部险况；北面由于没有改造，裂缝比西面的数量和宽度都少很多。

大顺碉楼维修后，图5-4-32（a）是碉楼西墙和北墙，图5-4-32（b）是入口大院内庭。与图5-4-2维修前可做一个比较，变化不小。

（a）

（b）

图5-4-32 大顺碉楼维修后情况

（a）碉楼西墙和北墙；（b）入口大院内庭

6　生土建筑修护与重建

6.1　修护、重建、抗震研究

6.1.1　生土建筑的耐久性

既有生土建筑的维护首先涉及耐久性问题。生土建筑究竟能使用多久，既有生土建筑维修后又能使用多久，这是很多人所关注的问题。

虽然我们生活在大数据时代，但生土建筑的使用寿命现在还无法通过大数据统计出来。我们可以通过现存的生土建筑的情况进行分析，得出一个大致可信的结论，以利于修复工作的开展。

现在，一千年以上的生土建筑都是遗址，或者通过维修已完全改变了模样，因此，我们可以断定，生土建筑的使用寿命没有超过千年，不像石砌体和砖砌体建筑那样耐久。

生土建筑的使用年限与环境因素有很大关系。在干旱炎热地区的生土建筑存在的时间比较长。如本书所提到的我国新疆地区以及伊朗、也门等地区的建筑，有不少已经有了数百年的历史。

生土建筑的耐久性与施工质量和构造措施有很大关系。目前留存下来，保存比较完好的建筑是宫殿建筑、寺庙建筑、庄园建筑以及公共建筑。这些建筑有不少已有两三百年的历史。

一般农村的生土房屋使用时间只有几十年或一百多年。

要延长建筑的使用寿命，就必须进行维修保护，正确使用。在我国新疆地区以及伊朗、也门等地区的建筑使用时间长，就因为土是很好的隔热保温材料，维修好了才能保证室内的舒适环境。

此外，我们都知道一个现象，没有人居住使用的建筑容易破损、毁坏。因此，一般施工质量较好的生土建筑使用几百年是没有问题的，但是需要合理正常地使用和修护。

既有生土建筑维修后能使用多久，这是个不好回答的问题。这与建筑已使用年限、材料的老化、损坏情况有关，与业主的诉求、维修造价有关，也与维修施工质量的优劣、使用是否满足维修后的要求有关，现在没有一个具体的标准。笔者认为，一般历史建筑修缮后，至少二十年内不需进行大的维修。

6.1.2 修护的原则

目前，我国留存下来的生土建筑，最近也是20世纪80年代修建的，距今也有三十多年。保留最多的还是20世纪50年代前的生土建筑，距今已有七八十年以上的历史。这些建筑得以保留，应是因其建筑形体牢固、施工质量高、保护较好。它们很多具有较高的艺术价值、动人的故事、地方或民族的特色，甚至是地方上有影响的建筑。这些历史建筑现在一般都有破损，到了需要保护修缮的时候，参照文物建筑修缮的原则更有利于建筑的保护。

建筑遗产保护的最基本原则是：完整性原则和原真性原则。

“完整性”主要包含两大方面内容：一是形式上的完整，大体包括文化遗产自身结构和组成部分的完整，及其所处背景环境的完整。二是意义上的完整，也有人称为文化概念上的完整。对于一般生土建筑来说，是保证建筑形式的完整性。

“原真性”主要包括其设计、材料、工艺和所处环境，但又不局限于原初的形状和结构，还应包括后期的所有改动和增补。在《关于原真性的奈良文件》中指出，原真性的信息来源方面包括形式与设计、材料与物质、用途与功能、传统与技术、位置与环境、精神与感受以及其他内在与外在因素。

在最基本原则的基础上衍生出：合理利用原则、最小干预原则、日常维护保养原则、档案记录原则、慎重选择保护技术原则、可识别性原则、可逆原则、原址保护原则、不提倡重建原则。建筑遗产保护原则和相关关系，如图6-1-1所示。

图6-1-1中的这些原则，贯穿了文物建筑从准备开始修缮到最后消失的全过程。同时，这些原则随着人类实践认识的深入还会发展，原则的条款还会增加。在修复阶段的原则主要是：最小干预原则、可识别性原则和可逆性原则。笔者以历史生土建筑的修缮保护为背景条件进行说明。

最小干预原则主要就是对建筑周边的环境、建筑的原貌在维护修缮时尽量不要改动。这里所说的建筑周边环境包括：地形、山水、树木、有特色的

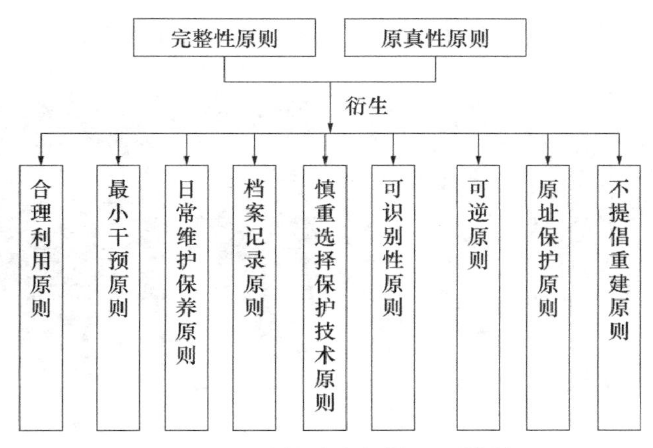

图 6-1-1 建筑遗产保护原则的关系

建（构）筑物。建筑的原貌包括：庭院围墙、庭院，尤其是建筑主体本身的形态。当然，所说的这种情况在城市几乎已不复存在，但我们应有这种思想考虑、分析。

最小干预原则是强调以最小的人为技术和需求干预建筑物的修缮，求得建筑原貌的最大稳定性，以确保建筑的原真性。强调尽量采用原有材料及工艺就是这一目的。当然，在工程修缮中一些新技术、新材料也还是在使用，主要原因是有些传统工艺已经失传，材料无法找到，也有因现代技术和材料的使用更利于对建筑的保护，也能降低造价。选择如何处理，因工程而异。

可识别性原则强调“任何不可避免的添加都必须与该建筑的构成有所区别，并且必须有现代标记”。其目的在于使后世不至于误解建筑物的“原状”。例如，在故宫的维护和修缮中，在新修复材料背后注上修复年代，既维护了木结构建筑的原有风貌和特色，同时也不至于给后世带来误解。

可逆性原则就是建筑在维修加固时，使用的材料或方法是可以在今后的维护中替换的。基于这一要求，常用的材料是木材、钢材和砖石，混凝土可替换性差，因此在文物建筑中很少使用。

图6-1-2是笔者到柬埔寨考察时拍摄的小吴哥柱加固的照片。图6-1-2（a）是用木枋加固一次入口的门柱。木支撑的出现已显示出了建筑存在安全隐患，透过木桁架可以看见柱的破损情况，但参观的人并没有受到影响，说明加固是成功的。图 6-1-2（b）是用一根铁条箍在柱的中部，显然是为避免柱表层石材继续剥离而造成柱更大的损伤，真是画龙点睛、点到为止。当需要用其他方法进行维护时，可以将它们方便地拆除。这种加固柱的方式就符

合可逆性原则，同时也符合了可识别性原则和最小干预原则。

（a）

（b）

图 6-1-2 柬埔寨小吴哥柱加固

（a）用木枋加固柱；（b）用铁条加固柱

任何保护技术的运用都不具有太久的时效性，而随着科技的发展，很多当时解决不了的技术难题，在将来可能会得到突破。因此，强调修复的可逆性，是为了让后人在进行修复时，还能面对一栋原真的建筑。

6.1.3 重建应注意问题

本书所说的重建，就是地区的标志性、有纪念意义或文物价值的建筑受到较大损坏后进行的修复。显然，这种建筑要保持原有的形体风貌进行修复才有意义，因此，需要坚持最小干预原则、可识别性原则和可逆性原则。

破损严重的生土建筑进行修复，根据现状分为两种方式。破坏或损伤严重的部分需要重建，能修复的应尽量通过修护来恢复原貌，这样使建筑更能体现历史的厚重感和价值。修护的方法和案例将是本章下面的内容，重建部分的施工方法在前面已经介绍，但也有不同之处，需要注意。

新建的墙体应是在原建筑的基础上重建，因此，在施工前应对基础周边进行检查，是否存在滑移、塌陷的隐患。查看基础是否有沉降变形、裂缝、缺损或砌体松动等情况。出现上述的情况，首先应进行处理，满足安全要求后才能进行墙体施工。

在新墙体修建前，应对与之有关联的原有墙体和结构构件的情况进行检查，判断是否需要修复保证构造连接要求、是否需要支顶保证施工安全。

由于新建生土墙体含水率较高，后期墙体竖向、横向收缩较大，与原有墙体或其他构件的连接应在新建墙体收缩基本稳定后再进行施工，否则达不到增强整体性的效果，并且结合部会出现较大裂缝。

新建墙体施工完成后，应敞亮通风或机器除湿，让新建墙体的含水率降低后再进行封闭。否则室内因含水率过高使木构件生霉、变形，造成不必要的返工。

新建部分修建好后与既有部分之间应能够分辨，也就是应满足可识别性原则。这种可识别性，往往会增添建筑的故事性。

6.1.4 抗震研究

1. 材料改性及构造

材料改性主要是通过提高强度以及构造措施来提高建筑的抗震性能。“西安建筑科技大学周铁钢等通过石膏—土坯墙片的低周期反复荷载试验，分析了这种生土土墙体的破坏特征及抗剪性能；振动台试验表明：单层石膏—土坯墙结构具有良好的抗震性能，可以在干旱少雨地区推广使用。”[15]

图 6–1–3 是笔者两次去西安建筑科技大学实验室参观学习时，拍到的做完振动台试验的土坯房屋模型和夯土房屋模型。图 6–1–3（a）是 2015 年土坯墙体试验，裂缝较细、沿灰缝开裂的情况。图 6–1–3（b）是 2013 年夯土房屋试验，裂缝主要沿夯土层开裂，裂缝较大，因晃动夯土块体间碰撞破损，即墙体损伤严重。但这两个试件没有可比性。

（a）

（b）

图 6–1–3　生土房屋振动台试验模型裂缝

（a）土坯房屋试验模型；（b）夯土房屋试验模型

2. 竹筋加固

竹筋加固夯土墙体是一个非常好的思路，福建省建筑科学研究院有限公司在这方面做了很好的探索研究。笔者把他们在《福建省地方特色古建筑保护加固关键技术研究》项目报告中的成果，摘录并进行了少许调整，内容如下，供参考。

（1）方案思路

竹筋加固与一般加固方式相比，具有以下优点：

1）竹条的抗拉强度较高，能弥补夯土材料抗拉强度低的缺点，有效提高夯土墙体抗震性能及延性。

2）竹条的弹性模量较低，更容易与同样低弹性模量的夯土墙协调变形，有利于加固材料强度的发挥。

3）加固所用竹条与夯土墙中预埋的竹条材质相同，属于传统材料，符合文物建筑保护关于尽量使用传统材料的基本原则。

4）材料在土中耐久性好。

（2）试验方案设计

试验采用低周期反复荷载，试件尺寸为 1600mm×1300mm×300mm。土料采自福建永定地区，按照传统福建土楼夯筑工艺夯筑在预制钢筋混凝土底梁上。经 5 个月养护后对部分试件进行加固。竹条取自福建福州地区，由 3～4 年竹龄楠竹竹青用机械均匀剖制成长 5m、宽 20mm、厚 2～4mm 竹条，其含水率约为 10%。依据《建筑用竹材物理力学性能试验方法》JG/T 199—2007，测得试件的顺纹抗拉强度平均值为 168.60MPa，弹性模量均值为 14300MPa。

加固过程中，贯穿孔洞开设在距墙体两侧边 10cm 处，沿竖直方向间隔 17cm，在贯穿孔洞内嵌入竹管作承压装置（未加固试件除外）。竹条沿对角线方向布置，分三种布置工况，分别见图 6-1-4（a）～图 6-1-4（c）。工况一：双向 3 道（竹截面 180mm^2），孔内设承压竹管；工况二：双向 9 道（竹截面 540mm^2），孔内设承压竹管；工况三：双向 9 道，孔内无承压竹管。竹条预应力可采用横张法（本试验采用）或其他特制张拉设备施加。

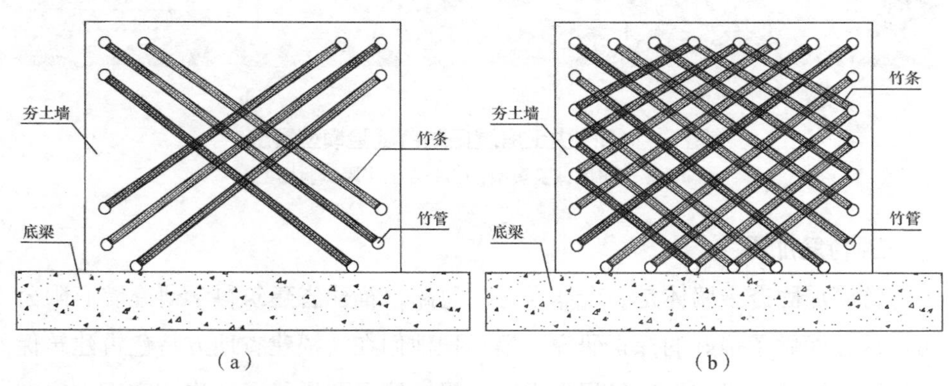

图 6-1-4 加固工况和试件破坏（一）

（a）工况一；（b）工况二；

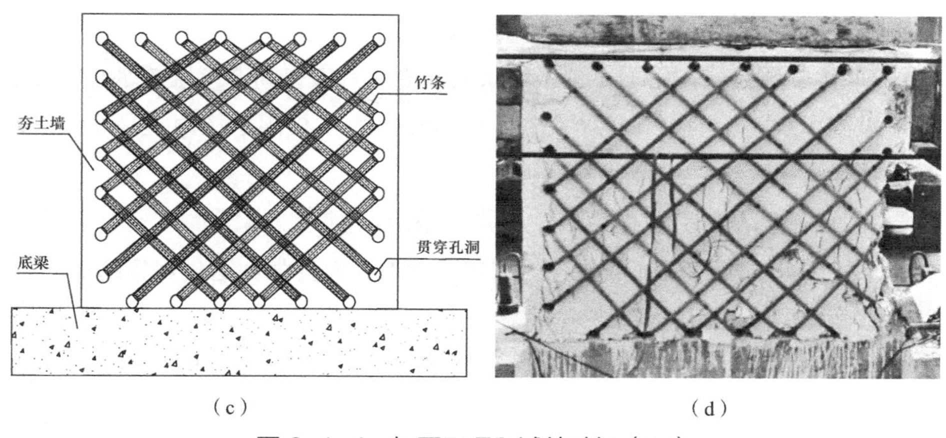

（c） （d）

图 6-1-4 加固工况和试件破坏（二）

（c）工况三；（d）W8-B2 破坏情况

（3）试验数据

本次试验共制作 8 片夯土墙，试件试验分类、加固形式、试验结果及破坏形态，见表 6-1-1。其中，墙片 W8-B2 的破坏情况见图 6-1-4（d）。

试件水平加载及试验结果 **表 6-1-1**

试验分类	试件编号	竹条量（mm^2）	加固形式	竖向荷载（MPa）	初裂位移（mm）	极限位移（mm）	破坏形态
单调	W1	0	未加固	0.10	—	—	墙体破坏
	W2-B2C	540	工况二	0.10	—	—	墙体破坏
往复	W3	0	未加固	0.20	1	2	受压破坏
	W4-B1C	180	工况一	0.20	0.5	3	受压破坏
	W5- B2C	540	工况二	0.20	1	5	受压破坏
	W6-B2C	540	工况二	0.10	3	10	受压破坏
	W7-B2C	540	工况二	0.05	2	14	受压破坏
	W8-B2	540	工况三	0.20	0.5	5	受压破坏

（4）结论

墙片试验首先介绍了竹条网加固夯土墙的方法与步骤，然后研究了竹条网加固夯土墙在水平荷载作用下的破坏特征、裂缝开展、滞回性能、刚度退化等，并通过 ABAQUS 有限元软件分析夯土墙在单调荷载作用下的应力分布，计算墙体的理论水平承载能力。根据试验现象、试验数据与分析结果得出：

1）使用预张竹条网加固夯土墙能够有效提高夯土墙体的整体性。同时，竹材为传统材料，采用竹材加固夯土结构可以保持夯土建筑原生态特点，且具有较好的隐蔽性，符合古建筑加固原则。

2）在单调荷载作用下，预张竹条网加固能有效提高夯土墙的水平刚度、水平极限承载能力及变形能力。在本试验中，水平极限承载力提高 9%，极限位移提高 29%。

3）在往复水平荷载作用下，预张竹条网加固夯土墙的水平极限承载力及水平极限荷载随竹条横截面积的增加而增加，而其强度退化现象随加固竹条横截面积的增加而减弱。

4）预张竹条网加固夯土墙的抗水平荷载能力受竖向压力影响较大，其水平刚度、承载力随竖向压力的减小而减小，而水平极限位移随竖向压力的减小而增大。[11]

3. 关于增大截面法

增大截面法提高砌体的抗震性能是经常采用的方法。增大截面法加固分为，墙体单面加固和双面加固两种形式。既有建筑有时为保持外墙面的原始风貌，往往采用单面加固。

对于生土建筑来说，不加固，满足一般正常使用是没有问题的。采用增大截面法加固以实现房屋抗震性能的提高，实践起来有一些问题需要考虑。因为，生土墙体强度低、厚度大、整体性差，要达到抗震效果，需要两面加固，并且加固的厚度不能太薄，否则作用不大。而这样做，会占用较大的室内面积，厚厚的生土墙体成了“夹心饼干”，生土建筑的墙体失去了亲和自然的“展示作用”，也是一种笨重的办法。

目前，国内一些单位正在利用新型材料或技术改进对生土墙体的加固方法，以提高生土建筑的抗震能力。

6.2 现代材料和器具

以前，改善夯土的性能主要是在土中掺加石灰、骨料、糯米浆，提高强度，减少收缩；在墙中铺设竹条，增强整体性。现在，也有在土中掺水泥、土壤固化剂等材料，提高土固结的强度，增强抗水性能和稳定性。

6.2.1 水泥

水泥掺入夯土中主要作用机理是粘结砂石材料，提高土体的整体性和稳定性。将水泥加入土体中，在水分的作用下，能够与土颗粒表面的矿物质发生化学反应，逐渐生成不溶于水的胶凝物质，通过外界压力的作用，这些胶凝材料与土颗粒压缩成一个整体，形成颗粒之间的紧密包裹与咬合，当水泥硬化时，它们将胶结在一起，从而起到了固结土粒、填充孔隙的作用。

因为水泥主要用于固结夯土材料中的砂石颗粒，因此对黏土类材料不具有明显作用，主要适用于塑性指数小于 15 的砂土。在黏土含量较大时，水泥颗粒自身凝结硬化后形成细小颗粒的填充颗粒，对土体不具有固结作用，对夯土结构的性能也无明显的改善作用。

水泥掺入夯土墙中尽管能够改善夯土的强度和耐久性，但同样会增大墙体的收缩开裂现象。水泥在夯土中的常用掺量为 3%～7%，应优先选择 32.5 级的普通水泥或矿渣水泥。掺量过小对土体性能影响不明显，小掺量 1%～2% 主要用于改善石灰稳定土的早期强度。掺量过大不经济，且固结后的土体难以与水泥分离，可再生性较差，不符合夯土墙绿色环保的理念。

水泥的水化物需要在强碱介质中才能硬化，当夯土含粉粒和黏粒较多或者塑性指数较高的黏性土时，氢氧化钙首先与粉粒和黏粒作用致使碱性介质不能顺利形成，从而妨碍水泥水化物的正常硬化。在这种情况下，添加部分石灰或用部分石灰代替部分水泥，可以明显增加水泥土的强度。

有资料报告，一般水泥掺入 5% 可实现夯土强度 5～6MPa，掺入 7% 可达到 7～8MPa。笔者表示怀疑，还是建议通过试验来确定。

英国奇切斯特大学的斯坂斯（Spence）和库克（Cook）在 1983 年提出用水泥对生土材料进行改性研究，并与艾尔弗雷德（Alfred）等人共同进行实验，得出改性后的生土材料完全浸入水中很难分解。水泥含量为 5% 的水泥固化土坯有较好的耐久性与吸水性能。[16]

6.2.2 土料增强材料

生土房屋建筑由于破坏良田、抗震性能差等原因，现在新建的很少。因此，没有专门针对夯土的改性材料和相应的标准。目前可以参考使用用于土木工程其他领域的土壤固化剂。

土壤固化剂的作用机理是土壤固化剂与土壤混合后通过一系列物理化学反应来改变土壤的工程性质。土壤固化剂使得土壤胶团表面电流降低，减小土壤颗粒间的排斥力，破坏土壤颗粒对自由水的吸附力，能将土壤中大量的自由水以结晶水的形式固定下来。胶团所吸附的双电层减薄，电解质浓度增强，颗粒趋于凝聚，体积膨胀而进一步填充土壤孔隙，在压力的作用下，使固化土易于压实和稳定，从而形成整体结构，并达到常规所不能达到的压密度。

土壤固化剂一般分为两类：一类与水泥、石灰、粉煤灰等固结材料一起使用，一般为水剂，用量为 0.2～2kg/m³ 不等，不同的产品均有相应的推荐掺量，该类产品主要通过电化学作用改善土体的保水性和土颗粒间的排斥力，达到增大密实度和强度、降低吸水率和收缩变形的作用；另一类为水泥、石灰、粉煤灰类，掺量 2%～20%，其作用主要是固结土体，增大土体的强度和整体性。

土壤固化剂应用可参照住房和城乡建设部颁布的行业标准《土壤固化外加剂》CJ/T 486—2015 和《土壤固化剂应用技术标准》CJJ/T 286—2018。

6.2.3 高延性复合材料

20 世纪末，新型高强度材料开始进入建筑领域，包括高性能的复合材料。其中高延性复合材料（简称 HDC），主要由水泥、粉煤灰、精制石英砂、矿物掺合料及高强度、高弹性模量合成纤维组成。

高延性复合材料主要具有以下特点：首先韧性高，在四点弯曲作用下可产生类似钢材的弯曲变形，见图 6-2-1（a）；其次强度高，抗压强度可超过 50MPa，抗折、抗拉强度是同强度普通混凝土的 2 倍以上；此外能较有效限制裂缝发展，当墙体出现细小裂缝时，纤维会起到桥连作用，属于一种理想的加固材料。该材料施工工艺简单，一般工人经过简单培训就能掌握施工技术，便于推广应用。

西安五和土木工程新材料有限公司依托西安建筑科技大学将这种材料较好地应用在建筑结构加固改造领域。图 6-2-1（b）是 2022 年 6 月采用 HDC 材料加固新疆土坯农房振动台试验完成后的试件。

（a）

（b）

图 6-2-1 HDC 材料的性能试验

（a）试件在试验机弯曲；（b）土坯房振动台试验后

该技术的标准和图集已颁布20余本，其中包括：《农村危房改造高延性混凝土加固应用技术导则》DBJ 61/T 142—2018；《高延性混凝土应用技术标准》DB 62/T 3159—2019；《高韧性混凝土加固砌体结构技术规程》T/CECS 997—2022。读者可以参考应用。

6.2.4 气动捣固机

从考古的遗址可以看出，人类的祖先自古就知道用石头、木棒把土筑实。把土筑密实的方法有：人工、机具和水夯。夯土墙的夯实，以前一直采用人工夯筑的方法。现在，能做这种体力活的人越来越少，因此，只有开始求助于机械。目前，还没有专门施工夯土建筑的机具，只有借助现有的产品。

气动捣固机是以压缩空气作为动力的机械化工具之一，适用于中型铸件砂型的捣固，也可用于混凝土及砖坯等作业。现在在夯土墙体施工和试件成型时有单位使用。见表6-2-1。

气动捣固机性能及适用范围　　表6-2-1

规格	机重（kg）	冲击次数（次/分）	锤头直径（mm）	工作能力及适用范围
D3	2.5	900	32	特小型，在作业空间狭窄的场合使用
D4	3.6	800	36	比较轻便，适合于捣固砂芯或小砂型
D6	6	700	42	适合于中等铸件的造型
D9	9	600	54	工作能力较大，适合于大型铸件的捣固

6.3 修护方法

6.3.1 墙面封闭法

墙面封闭法即墙面抹灰，是在墙体表面抹一层灰浆，保护墙面，防止风化，减少损伤的发生、发展。抹灰层使用的灰浆种类包括：泥（加筋）浆；石灰浆；石灰水泥砂浆；水泥砂浆；聚合物砂浆；涂料等。

墙面的抹灰层不厚，墙体重量增加小，保护作用显著，施工速度快，造价不高，具有一定的装饰作用。对于既有建筑，应在墙体安全的情况下施工。

使用材料的性能、施工工艺要求与砖墙的一样。施工前，应把墙体表面的疏松层、残留物清除干净。墙面裂缝宜先灌浆或表面封闭，凹陷较深的地方应先用填料抹压平整，干燥后再在墙面抹灰、养护。

历史建筑，若外墙在修建时就没有抹灰，为了保持其原真性，一般也不宜抹灰，缺陷严重的地方进行修补。

目前，对于一些生土文物建筑和遗址采用有机硅酮类渗透性材料涂刷在表层进行封闭保护或加固，成功的可能性小，失败的可能性大。传统材料的性能与生土基本相近，使用是经过工程实践长期验证的，通过涂刷使其浸渍形成保护层壳，由于内外受气候影响变形不一致、盐结晶产生的膨胀应力、内部水分不能释放等因素影响，更易破坏。让它逐渐消失在大自然中最为妥当。

6.3.2 支顶法

支顶法是采用杆件或构架对墙体进行顶撑，避免因墙体继续倾斜或受外力作用而垮塌。支顶构件或构架可以是木材、砖石砌体或型钢。

由于土墙强度低、整体性差，支顶不能点接触，应是线接触或面接触。图 6–3–1（a）是土楼室内木梁屋盖拆除，进行修复的过程中，因墙体较高，为了保持墙体的稳定性，采用木杆支顶。图 6–3–1（b）是一单层夯土建筑，因层高较高，宽度较大，木屋架和连系梁的变形对墙体产生了向外的推力，因此采用砖柱进行支顶。

（a）

（b）

图 6–3–1 墙体的支顶

（a）墙体用木杆支顶；（b）砖砌体支顶屋架墙体

当墙体高厚比不能满足构造要求时，也可采用设置扶壁柱或墙垛的方法增强墙体的稳定性。墙垛可采用砖、石、木，一般民用住宅可采用混凝土。

6.3.3 填补法

填补法是夯土墙体表面缺损或大的缝隙用原夯土或其他建筑材料填补，

使缺陷修补，裂隙间墙体结合，墙面完整平顺的方法。

填补的材料包括：夯土、砖、石、混凝土等。

由于夯土建筑的损伤特点，维修时填补法是最常用的方法。采用该种方法施工前，需要对墙体表面的缺损、裂隙、裂缝等情况进行检测，并对所在位置、深度、宽度、面积等记录、表述清楚，以便确定具体的修复方案。

图 6–3–2（a）是一大门入口上部的墙体在修复时采用了混凝土砌块。前面已经看到，门上方容易出现较宽的竖直裂缝，使其成为独立土体，若在修复时采取拆除后修补的方法，再用夯筑修复，非常麻烦，因此采用其他材料补砌是一种办法。笔者认为，若独立土体不太破碎，缝隙间采用填塞的方法更妥当。

图 6–3–2（b）中，从洞口填补没有木梁的痕迹可以确定是使用时开的。为了填补规矩用砖砌筑了门框，中间用大的石块砌筑，周边保持与墙体紧密接触（门左下角还待处理）。洞口右侧墙体表面风化损伤严重，采用空心砖和普通砖砌筑填补。墙体表面风化较浅的门洞右上方，采用细石混凝土填补，显青色，印迹较明显。修复的墙面填补饱满平整。

夯土墙的局部损坏采用烧结砖修补，是一个可取的方法。首先，夯土墙的主要材料和砖是一样的，都是土。一个是烧结的，一个没有烧。夯土墙进行修补时，很多地方空间狭小，墙体裂缝多，破损较严重，继续采用夯筑工艺，施工难度大，甚至会造成新的破坏，采用烧结砖修补，容易实施。

采用混凝土填补夯土墙面的缺陷是现在一般常用的方法，因为材料好找，施工方便。但是现在留存下来的夯土建筑都是历史建筑，很大一部分是文物建筑，因此宜采用文物建筑的修缮原则。采用原材料、原工艺施工。

图 6–3–2（c）是山墙顶部夯土因处于屋面下部，受雨水侵蚀，造成疏松、损坏，采用砖补砌还原。从墙面残留的夯土部分形状看，能保留下来的都做了保留，虽然外观看起来并不规则。这是历史建筑修复的原则，不知哪一天，它也成了文物建筑。墙体上的抹灰与墙体粘结得很好，脱落得不严重。

夯土墙下部最容易遭水侵蚀，造成表面墙体强度降低、疏松的情况。图 6–3–2（d）是夯土墙下部在修补时，将强度低的疏松层凿除掉，形成凹槽，用砖砌筑填补。也有采用混凝土填补的情况。

（a） （b）

（c） （d）

图 6-3-2 夯土墙体不同部位的填补

（a）混凝土砌块补墙；（b）洞口和墙面填补；
（c）砖补砌还原；（d）砖填补凹槽

采用土料对夯土墙的孔洞和缝隙进行填补修复，一般只有采取水平夯筑的方式。图 6-3-3（a）是正在用厚钢板水平夯筑填料密实。若在墙体顶部，可以竖直夯筑。图 6-3-3（b）是修补好的孔洞和缝隙。图左边是修补好的木梁下的孔洞和竖向缝隙，图中部是修补好的孔洞，图右是靠近门框的缺损和缝隙被修补好，墙面其余的裂缝通过抹灰覆盖。

（a） （b）

图 6-3-3 孔洞的夯筑填补

（a）水平夯筑密实；（b）修补好的孔洞和裂缝

6.3.4 增加截面法

增加截面法就是增加夯土墙体高度或横截面尺寸，以满足改造后使用要求的方法。

为了增加室内空间、高度或对屋面体系进行改造增加荷载，首先需要对地基和墙体进行检测，估算承载力是否满足要求、倾斜能满足既有砌体结构建筑的规定和使用年限。

增加墙体可以考虑承受新增的全部荷载，也可考虑与原有墙体共同承重。但应注意，连接构造有差别，施工顺序有差别。

增加截面法的结构类型包括：土坯墙、夯土墙、木构件及构架、砖墙，以及现代的混凝土结构及构件、钢结构及构件等。

6.3.5 屋面与墙体连接

坡屋面生土建筑檩子的放置方式有两种，一种是搁置在土墙上，另一种是放置在木屋架上。

屋盖连接土墙的方式是硬山搁檩，檩条（木梁）架在山墙和内横墙上，椽条在檩上均匀排列，形成屋面系统的竖向承重体系，小青瓦放置在椽子上。为了保护生土墙体不受雨水侵蚀和建筑外观立面的需要，檩条和椽子都会伸出外墙一定距离。不难看出，传统屋盖的檩条（木梁）是简支放置在生土墙上，承受水平荷载时，不能有效地协调变形，会造成破坏。解决的办法是加强两者的联系或减弱两者的联系。

若房屋不落架大修，可在墙体两侧嵌入木枋，用扒钉与椽子或檩条固定，见图 6-3-4，增加两者的变形协调能力。

当采取落架大修时，墙顶可放置木卧梁、檩条或椽子固定在上面，见图 6-3-5，这样增加了整体性。当然，也可浇筑混凝土卧梁。对于文物建筑，木卧梁更传统。卧梁与墙体应有一定的连接措施。

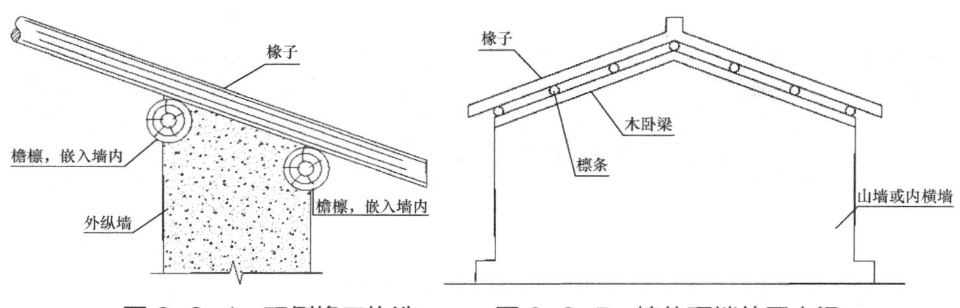

图 6-3-4　双侧檐口构造　　图 6-3-5　墙体顶端放置木梁

在可能的条件下，可在檩条或椽子与墙体间设置摩擦力小的垫层。垫层称为“滑动层”设置在垫块面上，以改善两者变形协调不一致的问题。笔者在参加修编《砌体结构设计规范》GBJ 3—1988 时，负责组织“构造要求”一章的编写工作，在其中加入了在顶层增加滑动层以减小温差对墙体影响的条款（见《砌体结构设计规范》GB 50003—2001）。后因考虑可能对抗震不利而取消（见《砌体结构设计规范》GB 50003—2011）。但对生土建筑屋盖与墙体间进行这样处理，在水平力作用时应该可以减小对墙体的破坏作用。

6.3.6 裂缝修补、灌浆法

1. 表面封闭

采取表面封闭的方法，一般是细小的裂缝。宽度在 5mm 以下，深度在 50mm 以内，可以采用表面封缝的方法。室内墙面可以通过室内抹灰封闭。室外墙面若不抹灰，可以勾缝处理。图 6-3-6（a）是 2019 年修复的夯土建筑，因为赶工期，抹灰空鼓，凿除空鼓抹灰层，其墙体上的裂缝已被抹灰砂浆填密实的情况。这说明，一般不大的裂缝可以用塑性抹灰浆压抹修补。若裂缝不宽，裂缝不多，也可勾缝处理。

2. 表层封缝

采取表层封缝的方法。裂缝较宽，没有完全贯穿，宽度在 5mm 以上，深度在 50mm 以上，可以采用表层封闭的方法。裂缝封闭前，应在裂缝中嵌入小颗粒碎石或其他材料，再进行抹灰修复，避免裂缝宽，收缩开裂。图 6-3-6（b）是裂缝较粗，在对裂缝修复前，在裂缝中嵌入硬性小颗粒材料的情况。

（a）

（b）

图 6-3-6 裂缝的修补

（a）裂缝被抹灰修补；（b）嵌入小颗粒填缝

3. 裂缝灌浆

生土墙体一般裂缝都不必采用灌浆的方法进行修复，采用表面封闭或表层封缝。需要灌浆的裂缝都是较宽、较长或贯穿性的裂缝。这些裂缝对墙体的整体性或安全性有影响。

裂缝采用的灌浆材料，一般以掺砂泥浆、石灰砂泥浆、水泥砂浆等为好。不应灌环氧树脂等胶液，不但价格贵，而且效果并不好。

由于夯土墙体截面宽，灌缝前，两侧可用木条、纸板、塑料布等材料封闭，灌浆从上向下灌，当浆液固结后，把封闭灌浆的材料拆除，表层进行封闭处理。裂缝较宽时，可在缝中先嵌入石块或石粒。

裂缝灌浆也可以参照砌体结构裂缝灌浆的方法进行灌注。

6.4 工程案例

【案例 1】嘉峪关墙体修缮

1. 巧遇修缮

2013 年 8 月，笔者到嘉峪关去旅游，图 6-4-1（a）是傍晚 7 点多拍摄的嘉峪关关楼雄姿。这时节嘉峪关正在进行保护维修。图 6-4-1（b）正立面是维修好的城墙，下部是工程情况和施工方法介绍。笔者将主要内容照了下来，作为资料进行了保存。

这次进行的“嘉峪关文化遗产保护工程”共有 10 个项目。其中，嘉峪关关墙西罗城保护维修工程、嘉峪关关城（不含罗城）墙体保护及防渗排水系统工程、嘉峪关长城墙体（夯土）保护修缮工程，涉及夯土墙体的保护维修。笔者这次有幸，见到了还没有维修的破损城墙和已经修好的城墙，听到了文物修缮单位对修复方法的介绍。

（a）

（b）

图 6-4-1 嘉峪关城墙外貌

（a）夕阳西照城楼；（b）维修好的城墙

2. 嘉峪关

嘉峪关，明代万里长城西端的起点，故称“河西第一隘口”。因建在南依祁连山、北凭黑山、两山之间只有15km的嘉峪山西麓而得名，耸立在丝绸之路的咽喉要道上。

关城的平面呈西头大、东头小的梯形，西墙长166m，东墙长154m，南、北墙各长160m，周长为640m。城墙高10.6m，基宽6.6m，顶宽2m，有显著的收分。城墙用就地取材的黄土分层夯实，夯层约14mm。城楼、城角均用砖包砌。关城西、北、南三面墙外筑有罗城。罗城的西墙因是迎敌的一面，所以全部用砖砌，增加了关城的坚固程度。嘉峪关的关城和罗城的位置，以及建筑的平面位置，见图6-4-2。

嘉峪关明洪武五年（公元1372年）始建，比山海关早建九年。明嘉靖十八年（公元1539年）增砌部分砖墙，明嘉靖十九年（公元1540年）加固增高，经历了一百六十八年的时间建成。最近一次修缮是1985年墙体进行过夯筑。

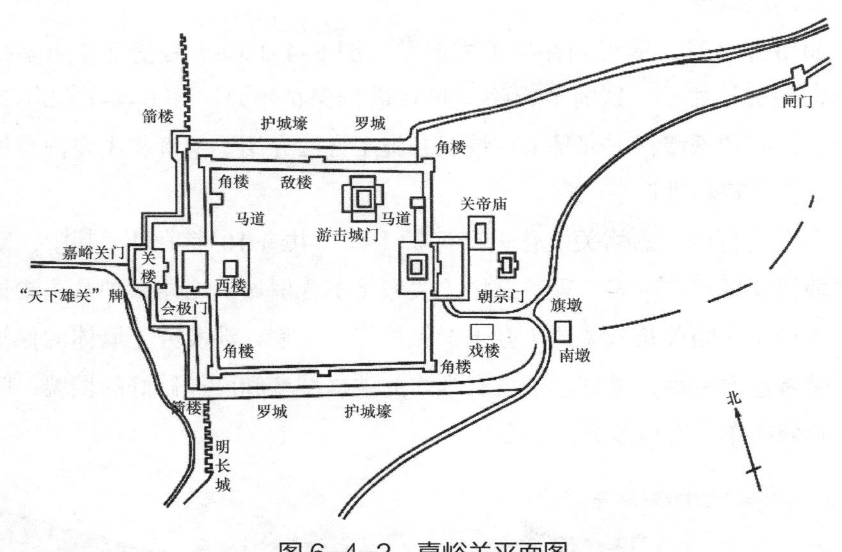

图6-4-2 嘉峪关平面图

3. 夯土墙病害

嘉峪关城墙保护修缮前对墙体进行了检测，墙体的病害包括：墙角压剪裂缝；墙体外倾及开裂；墙体酥碱掏蚀现象；土蜂洞及鼠洞；墙体局部坍塌；墙体表面风化。笔者看见了其中一部分的病害情况。

从图6-4-3（a）可以清楚看见，原城墙的夯土墙面有一层保护面层，该处正在剥离开来，上部现已大面积剥落。因风化原因，墙体表面的夯土层间界限已经模糊不清，起皮脱落，表层凹凸不平。

图 6–4–3（b）左部分城墙是砖包砌夯土墙体，右侧夯土墙未用砖包砌。两侧墙体表面连接应基本是平顺的，现在相对凹进去的部分是表面的泥浆保护层脱落的结果。墙体上部有一水平凹槽，填平凹槽的泥浆层也有部分脱落。墙面有明显鼠洞存在。墙体从左到右间隔一定距离有平行竖直的收缩裂缝，笔者猜测是否是表层设置的分隔缝，用以减少墙体表面不规则收缩裂缝数量。

图 6–4–3（c）左侧是关楼砖砌城墙，即罗城的西墙。右侧是关城城墙，是夯土墙，墙体下部有酥碱掏蚀的现象。

图 6–4–3（d）是已修复好的城墙转角处墙体表面。新的墙体表面仍看得见留有分隔缝，缝宽小些。靠收缩裂缝左侧，墙角处的一条裂缝是压剪裂缝，虽整个墙面进行了修整，但仍显现了出来。压剪裂缝是在墙体转角处常见的裂缝，西安砖砌城墙上一样存在。

（a）　（b）

（c）　（d）

图 6–4–3　嘉峪关城墙

（a）表层崩落风化；（b）风化脱落鼠洞；

（c）墙体酥碱掏蚀；（d）转角压剪裂缝

4. 应用技术

这次夯土墙体的维修技术有传统工艺，也有现代方法。主要有：

（1）锚杆加固。为了增强新旧土体之间的连接作用，采用非振动钻机在老土坯上打设直径为 50mm 的孔洞，并埋设土工锚杆，通过注浆等程序将锚杆植入旧土体中，在要砌筑的新土坯部位预留 1.0m 长度的锚杆，用于与新土坯进行拉接。

（2）椽帮夯筑。对于墙体大面积坍塌，且断面或外围无连接墙体，无法用土块进行有效衬砌加固的，用传统的椽筑的办法加固：

1）清理坍塌或松散的土层至能识别原夯土层为止；

2）将土中的杂物除去，并用水将土拌和到适当的含水量，堆放闷捂适当的时间，待土湿润后进行夯筑；

3）以椽子为模具，采用石杵和椽头分层夯筑，每层夯土的厚度一般为 80～100mm；

4）新夯墙体侧面坡度与相接墙体坡度保持一致，新旧夯体接口自然流畅，无明显生硬转折。

（3）土坯制作。浸土、闷土、筛土、支模、填土、砸边、踩实、夯实、净面、补砸、脱模、码放、晾晒。

（4）裂隙加固。对所有的裂缝进行封闭灌浆时，首先用 PS 泥浆将裂隙表面封闭，待固化后，选合适的位置插入注浆管，注入 PS 浆液，待浆液凝固后，表面用 PS 黄土泥浆喷涂做旧。

从图 6-4-4 中看到，PS 泥浆作为封缝材料，采用 PS 浆液作注浆液，PS 黄土泥浆喷涂做旧。结合预埋的注浆管很密，不粗，注浆器中的浆液是透明的情况分析，PS 材料应是化学胶粘剂类型。夯土墙采用这类材料是否必要、是否合适，有待时间来验证。

（a）　　　　（b）

图 6-4-4　部分加固方法展板

（a）裂缝加固、锚杆加固；（b）墙体表面防风化及防雨水冲刷

（5）墙体表面防风化及防雨水冲刷。

1）严格按照配合比施工，溶液配合比要求专人负责。

2）控制均匀的喷涂速度，每次喷涂要求充分渗透，当墙体表面出现渗透不佳的现象时，停止喷涂，待墙体渗透干燥少顷再继续喷涂。

3）在喷涂过程中为避免水分蒸发过快，要求喷涂区域搭设防晒网，保证自然阴干。

4）墙体表面酥碎较为严重时，需要进行扎针渗透加固。采用多次喷洒渗透与针孔注入渗透相结合的方式。

5. 修复方法

嘉峪关城墙和周边明城墙墙体不同病害的修复做法主要有：

（1）在墙体大面积坍塌，且断面或外围无连接墙体，无法用土块进行有效衬砌修复时，用传统的椽筑的办法加固；

（2）为了增强新旧土体之间的连接作用，在采用椽帮夯筑坍塌土体前，在旧有土体中种植锚杆，连接新旧土体；

（3）在不能夯筑的部位，用事先制作的土坯进行加固修复；

（4）土体裂缝进行表面封闭后，进行灌浆填充处理；

（5）墙体表面酥碎较为严重的地方，进行扎针渗透加固；

（6）墙体表面用 PS 黄土泥浆喷涂，防风化及防雨水冲刷处理。

修缮完工的夯土墙体外观，图 6-4-5（a）所示是瓮城和朝宗门，城墙上部进行了防水处理，显得平滑，下部采取喷浆做旧，约显夯层。图6-4-5（b）为烽火墩台上部和四角的防护处理。

（a）

（b）

图 6-4-5　修缮完工的外观

（a）修缮完工的瓮城；（b）烽火墩台

【案例 2】夯土墙体施工

1. 工程背景

该生土建筑因已完全毁坏，因此是重新修建。建筑平面为矩形，纵墙长

22m，5 个开间，每个开间 4.4m，横墙长 7m，墙体厚 500mm。

夯土的取土点在距修建建筑约 30～40m 远的坡地上，见图 6-4-6（a），其中考虑了少损坏耕地的因素，腐殖土层也较薄。取土地方搭设了棚，遮雨晒土，以降低新挖出的土的水分。图 6-4-6（b）是晾晒的土。

（a）

（b）

图 6-4-6　取土现场情况

（a）取土地方搭棚晒土；（b）晾晒的土

2. 施工工艺流程

施工单位专门制定了“夯土墙夯筑施工工艺流程”，具有一定的参考价值，全文如下。

（1）采用人工挖生土，将生土与生石灰、水泥三种材料拌和均匀，视含水率的大小，如含水率过小就将 108 胶粉拌水均匀泼洒在土料中反复拌制均匀。若生土含水率过大就将 108 胶粉按比例干撒在土料中反复拌制均匀，并适当增加水泥用量。

（2）将拌制好的生土料人工担运到作业点，按每层 200mm 的虚铺厚度采用机械捣固棒逐层均匀捣固密实。按每 200mm 密实厚度为限再铺置一道通长搭接的竹片，使其墙体纵横墙交替连接。以下就逐层按此方法进行推进。当夯土高度达到 1800mm 时，要间隙一段时间（大约 1 周），再进行上部夯筑施工。

（3）每盘拌制好的夯土料必须按 4 个小时用完它。料场原生土应采取全部覆盖作业现场的实体夯土墙。每日施工完后，必须全部采用防雨布全部覆盖，防止夜间下雨侵蚀。

（4）夯土墙模板拆除后，视其夯土墙表面松散程度，是否再进行二次人工表面处理。方法采用细颗粒夯土配合料人工用木拍子揉搓表面，使其表面平整密实。

（5）现场拌制的夯土墙配合料的含水率以“手握成团，落地开花”为经验依据。

（6）如生土含水率过大，建议增加 2～4mm 的碎石拌和增强整体硬度（掺量适量），生土：砂：石子＝6：1：3。

（7）含水率控制在 7%～9%。

3. 施工情况

墙体施工是2021年10月开始。夯土墙体一次全部关模，见图6–4–7（a）。

每层一次夯筑完成，再夯第二层。模板二层高 900mm。墙体夯筑，每层虚铺 200mm，从左到右夯筑，然后再从右到左夯筑。每 200mm 厚铺纵横竹筋，竹筋绕成回环形。夯实采用 D9 型气动捣固机，锤头直径 54mm。

在施工中，发现用普通水泥夯土墙颜色偏深，后改为白水泥。

图 6–4–7（b）是底层脱模后的夯土墙。墙体表面能看见有两排气锤夯击的浅坑，当时墙体还没有出现裂缝。

（a）

（b）

图 6–4–7　现场关模和夯土墙

（a）现场及关模；（b）脱模后的夯土墙

4. 检测情况

2021 年 12 月下旬，笔者到施工现场采集了三个部位的土样做含水率测试和 9 个 150mm 立方体试件做抗压试验和相关试验测试。

按照《土工试验方法标准》GB/T 50123—2019，采用烘干法进行了含水率检测，检测结果见表 6–4–1。

夯土含水率检测结果　　表 6-4-1

编号	取土部位	土样质量（g）	含水量（g）	干土质量（g）	含水率（%）
1	原土	52.96	11.87	41.09	28.9
2	墙身	45.7	8.47	37.23	22.8
3	墙顶	69.18	13.98	55.20	25.3

从表 6–4–1 中的数据可见，夯土上墙含水率还是很高，与原生土差不多。也就是说，上墙的含水率没有实现“手握成团，落地开花”。

按照《土工试验方法标准》GB/T 50123—2019 进行了液限、塑限试验，其试验数据和塑性指数见表 6–4–2。表中 120d 试件和 210d 试件还进行了密度、含水率和抗压强度试验，表中是 3 个试件的平均值。

土样液限、塑限检测及塑性指数　　表 6-4-2

取样部位	液限（%）	塑限（%）	塑性指数
原土	42.3	21.2	21.1
120d 试件	35.0	20.6	14.4
210d 试件	31.4	18.1	13.3

从表 6–4–2 中比较原土和试件的液限、塑限，添加的改性材料起到了改变土的塑性性能的作用。120d 试件和 210d 试件的塑性指标相差较大，与人工拌和不均匀、试验误差等因素有关。

参照《混凝土强度检验评定标准》GB/T 50107—2010 进行抗压强度试验。检测结果见表 6–4–3。

不同时间的含水率、密度和抗压强度试验数据　　表 6-4-3

编号	试验天数	密度（kg/cm^3）		含水率（%）		抗压强度（MPa）	
		单个值	平均值	单个值	平均值	单个值	平均值
1		—		—		0.91	
2	48d	—	—	—	—	1.00	0.88
3		—		—		0.72	
4		1.76		6.4		0.95	
5	120d	1.74	1.75	5.0	5.5	0.87	0.96
6		1.76		5.1		1.05	
7		1.74		3.9		0.93	
8	210d	1.73	1.73	3.5	3.6	0.92	0.92
9		1.73		3.4		0.92	

从表 6–4–3 中的密度数据可以看出，试件的质量是比较好的，是认真制作的。表中试件含水率 210d 和 120d 比较，已变化不大，接近平衡含水率。墙体因厚大，含水率达到平衡状态还有较长时间。210d 试件的密度和抗压强度较均匀，可以认为试件的均质性是比较好的。210d 和 120d 抗压强度比较，强度没有增长，也就是说，强度在 1.0MPa。48d 的抗压强度 0.88 MPa，

达到抗压强度的90%左右，总的来说，前期还是增长不慢。

2022年6月16日，墙体最初夯筑约220d后，笔者到现场调查，外墙出现裂缝，且部分已贯通，裂缝间距约500～600mm，外表面裂缝宽度约5～15mm，见图6-4-8（a）。该面墙体外侧的含水率为8.4%，内侧的含水率为17.3%。该建筑内墙左侧（外墙）裂，右侧（内横墙）未裂，见图6-4-8（b）。实测含水率为19.3%。

测试数据表明，试件因体积很小，比墙体失水快得多，而含水率高低影响强度和收缩，因此，用试件含水率来控制施工，只能是一个大致的参考。当墙体两侧含水率不一致时，造成收缩不一致，容易产生裂缝。当墙体两侧含水率基本一致时，墙体内外含水率不一致，估计墙体含水率到15%左右开始出现裂缝。内横墙含水率高，裂缝还未发生。

（a）

（b）

图6-4-8 墙体裂缝情况

（a）外墙墙面裂缝；（b）内墙左侧裂，右侧还未裂

5. 问题思考

（1）夯土墙采用混凝土支模方式，纵向长度22m，之间还有6个横墙约束，连续夯筑，与传统施工方法有较大差异，是否合适有待探讨。

（2）采用“手握成团，落地开花”的方式确定夯土的入模含水率，要求控制在7%～9%之间，48d夯土墙身的含水率为22.8%。说明夯土的含水量仅凭经验不容易控制好，最好通过试验确定。如，现场通过土的烧失量确定含水量的方法。这种方法没有实验室做得准确，因为土中的有机物也一起烧掉了。但是，生土有机物含量不会太高。

（3）该工程土料拌和时含水率高、颗粒大，拌和不会均匀，没有进行陈化处理，材料匀质性差。

（4）虽然夯土中掺加了大量的水泥和108胶进行改性处理，墙体强度1.0MPa，但并不能证明添加剂有提高强度的作用。

【**案例 3**】新筑土墙裂缝

1. 工程背景

该工程为一历史建筑，两层楼，建筑面积 551m^2。小青瓦屋面，穿斗式木屋架，三个开间，中部木柱承重，外围砖柱承重，见图 6–4–9（a）。一层夯土墙为外围护结构，墙厚为 500mm，一层平面布置见图 6–4–9（b）。二层围护结构正立面是生土墙，其余三面是木条夹壁墙。

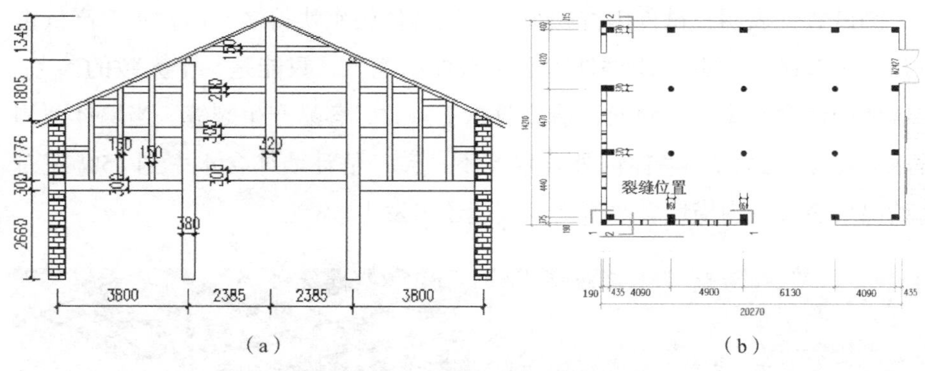

（a）　　（b）

图 6–4–9　屋架形式和一层平面

（a）木屋架及尺寸；（b）一层平面形式

这次落架大修，夯土墙重新夯筑。在刚开始夯筑的墙体上，就出现大量裂缝。图 6–4–9（b）中墙体上横线位置是新夯筑的墙体、出现的裂缝位置和条数。

2. 施工情况

据施工单位介绍，现场夯土墙的主要原材料包括黏土、石灰、砂石、糯米浆、红糖、土壤固化剂。其中，黏土在拌和前进行粉碎，粉碎后粒径小于 4.75mm，图 6–4–10（a）是已过筛的夯筑墙体的土料，颗粒均匀。配合比未知。

据施工单位介绍，土料夯筑前采用人工拌和。图 6–4–10（b）是一台搅拌机，周边撒有不少湿土，不知是否机械拌和，还是与人工拌和相结合。

（a）

（b）

图 6–4–10　夯筑土料和拌合机

（a）夯筑墙体的土料；（b）土料拌合机

据施工单位介绍，墙体夯筑沿高度方向隔300mm增设竹条作为墙体内拉结措施。夯土墙均在施工后1～2d内出现开裂现象，裂缝贯通墙体，且以竖向裂缝为主、斜裂缝少。

3. 检测情况

目前只夯筑了北面墙体两个开间和东面墙体，现场情况见图6-4-11（a）。图6-4-11（b）是局部墙体窗下、窗角和墙体上的三条竖直裂缝，裂缝处墙体颜色泛白，说明失水相对较多。墙体夯筑高度不足3m，两砖柱间的夯土墙长度不大于4.5m。中部都留有门窗洞口。裂缝多数为竖直裂缝，裂缝间距最小的只有560mm，一般只有1m左右，裂缝宽度1～3mm，这类裂缝属于收缩裂缝，具体分布见图6-4-12（a）和图6-4-12（b）。图6-4-12（b）右侧上部有斜裂缝的夯土墙体，高2570mm、宽900mm、厚500mm，是因为土体失水收缩沉降引起的裂缝，即收缩沉降裂缝。

在现场调查时，工地上做有3个立方体抗压试件，带回在实验室进行抗压试验，试验结果见表6-4-4。估计试件约20d左右。

（a）

（b）

图6-4-11 夯土施工现场及墙体裂缝

（a）夯筑墙体现场；（b）墙体上的竖直裂缝

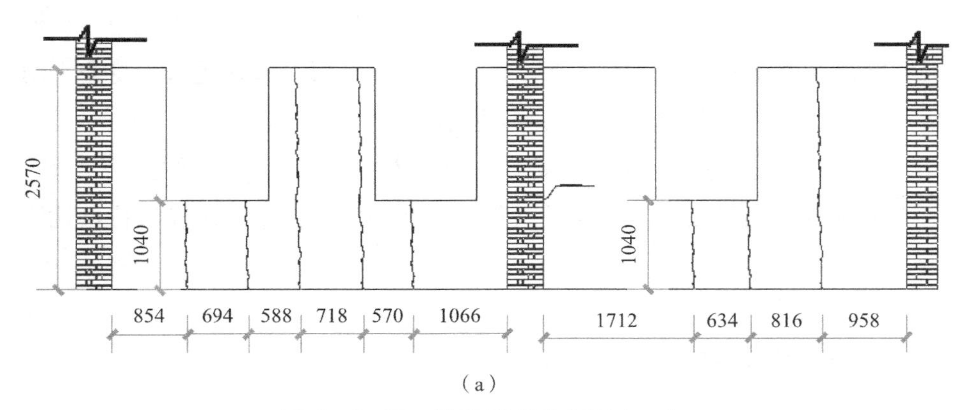

（a）

图6-4-12 墙体裂缝分布图（一）

（a）北面夯土墙裂缝图

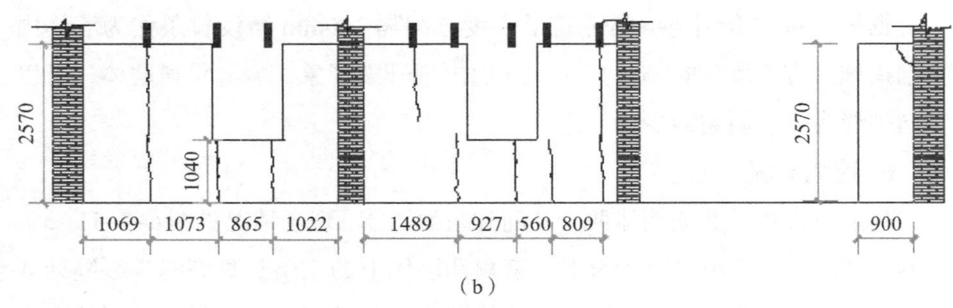

（b）

图 6-4-12 墙体裂缝分布图（二）

（b）东面夯土墙裂缝图

夯土试件抗压强度结果　　表 6-4-4

试样编号	试件 1	试件 2	试件 3
受压面尺寸（mm）	149×165	150×163	150×165
破坏荷载（kN）	25.3	53.5	36.2
抗压强度（MPa）	1.03	2.19	1.46
抗压强度平均值（MPa）	1.56		

4. 原因分析

（1）墙体上表层网状裂缝还没有出现，有这样密的竖直贯穿性收缩裂缝，土料很可能采用的是黏土，虽然加入了石灰、糯米浆、固化剂进行改性，强度有所提高，但其塑性性能改善不够。

（2）墙体夯筑施工是在 8 月初，正值夏季最热时间，墙面容易迅速失水。观察现场施工环境，夯筑墙体没有采取更严格的防护措施，水分蒸发太快，土体收缩大，1～2d 内土体强度不高，出现开裂现象是情理之中的事。

（3）夯土上墙含水率的确定，采用拌和好的夯土捏团甩地散落进行判断，随机性较大，偏差较大，估计夯土上墙时含水率较高。

（4）夯土加水和掺料拌和后，没有进行“陈化”处理，使夯土进一步松散、掺料尽量充分均匀。根据现场情况，“陈化”可在室内进行，将夯土用塑料布封闭严实，时间约 2～3d 后再使用。

（5）虽然夯土墙体内放入了竹筋，但墙体太短，没有与砖柱拉结，放置间隔 300mm，间隔较大，在这种条件下，几乎没有作用，裂缝的特点就说明了问题。

6.5 创想值得远传

2022 年使笔者最感动的一件事就是，建筑界的最高荣誉奖——普利兹克奖授予了非洲建筑师迪埃贝多·弗朗西斯·凯雷。这是建筑师的荣誉，非洲的荣誉，生土建筑的荣誉。

普利兹克奖评审团评价他：在极度匮乏的土地上，开创可持续发展建筑，改善了地球上一个时常被遗忘的地区中无数居民的人生。给人带来建筑学科之外的馈赠。他坚守了普利兹克奖项的使命。

2022年3月，凯雷在“TED”创想值得远传、梦想改变世界大会，做了一个12min的报告。笔者根据视频和中文翻译字幕，把他讲述的个人经历和工程案例分成四部分，供大家分享、学习和思考。

1. 凯雷的理想

凯雷是非洲布基纳法索人，布基纳法索是世界上最贫困的国家之一。凯雷出生在甘多的村庄，没有电，没有清洁的饮用水，没有学校。室外温度最高可达45℃。凯雷七岁离开村庄到城市上学。小时候每当他离开村庄上学，每个妇女都会从口袋里掏出仅有的硬币给他。他问妈妈，为什么大家都这么爱他？妈妈回答：她们希望你学有所成，回来改善乡村的生活状况。来到这里，回到这里，改变这里，他做到了。

在德国攻读完学位后，凯雷成为一名建筑师。当他还是学生时，就想为更多的甘多孩子创造更多的机会，他想用他的技能来修建一所学校。他用赞助来的钱回到村里，准备建学校、教室、图书馆，当时家乡的情况跟他离开时一样。

他在家乡建造了众多教育建筑。大多是就地取材，更适应当地气候，并且造价低廉。坚持用本地工人建造，除了因为本地工人最了解当地材料外，还可以提高当地人的职业技能，改善他们的生活，让这些建筑与土地和居民联系在一起。现在村民可以用这种技能来赚钱了。

2. 乡土材料妙用

甘多的雨来势凶猛，大雨之后就是洪水，并且布基纳法索整个国家都是这样。但凯雷认为这是好事，河流堆满的砂和碎石正是建筑材料。等待雨后收集砂和黏土混合，然后建造房屋。

在甘多，有很多陶土罐，凯雷用陶土罐做通风口。切割这些陶罐然后放在屋顶上，浇灌混凝土后屋顶让热空气排出，光线穿透进来。

3. 学校建造

村民虽然一直用黏土搭建居室，但村里的人都认为用黏土建造学校无法支撑过雨季。凯雷和社区的人沟通，说服每一个人，最终村里男女都参加了学校的建设。

最初，学校教室墙壁完全由甘多当地压缩的黏土块制成。屋顶结构由廉价的钢条制成隐藏在混凝土内部，教室的顶棚由上述两种材料共同制成。在这所学校，一个简单的概念就是让教室是个舒适的地方，因为室外温度最高可达 45℃，所以建筑构造了简单的通风系统，适合教学和学习，使用 12 年后仍处于最佳状态。这个项目取得了巨大的成功。

在第一个学校扩建的项目中，凯雷认为要让不识字的人理解图纸和工程是不可能的，于是制作了一个模型黏土拱，他上到拱顶部和他的团队六个人一起跳，拱完好，村民看着，这样就可以开工了。

最新的项目是甘多一所高中的建造。这一项目创新之处在于，用浇筑混凝土的方式来浇筑泥巴。要如何浇筑泥巴？开始制作大量灰浆，当一切准备就绪，找到最好的配方和最佳状态，就可以开始和村民一起浇筑了。甘多另一个气候因素是雨，当大雨来临，需要保护易碎的墙不被雨淋。

4. 黏土地坪施工

凯雷在演讲中以黏土地面的施工为例，介绍了传统的建造方法。由于笔者是看的演讲视频，下面括号内是对图像内容笔者的理解，其余是字幕翻译。

（首先把一定比例的泥、石摊铺在地面上）年轻的男子这样（直立）站着，（像跳舞，用脚掌蹬踏地面）捶打好几个小时。然后他们的母亲加入进来，她们（手握木把拍子）用这个姿势（甩开手背向下拍打）捶打好几个小时，不时加水再捶打。接着抛光的人们来了，用石头给地面抛光，再花数个小时。然后你会看见成品，非常光滑，就像婴儿的屁股。这是最具非洲风味、最具传承性的“夯筑”施工技术之一。

凯雷利用建造生土建筑的机会，教会了村民建筑技术和挣钱的本事，修建的学校提高了孩童的文化素质，改变了家乡的模样。他的建筑也改变了笔者的认知，虽然传统的生土建筑具有深厚的文化底蕴和艺术价值，但一般采光不足，底层室内潮湿，建筑不能完全满足现代的使用要求，凯雷的建筑作品改变了这种状况，渗透着现代建筑的气息。

图 6–5–1（a）是凯雷设计的教室。当地的气温最高达 45℃，没有电。为了降低室内的温度，满足教学的需要，教学楼下部的墙体和墙体上屋顶的筒拱都是用土坯建造的，具有保温隔热的效果。拱上方的轻型钢架棚，不但起到隔热的作用，筒拱上的一排排气孔与钢棚间还形成简单的通风系统，使教室适合教学和学习。这个项目是设计者的得意作品之一。图 6–5–1（b）狮子初创园土坯建筑的外部造型，是否在告诉大自然，生土建筑现在也不怕风雨。

（a）　　（b）

图 6-5-1 凯雷的生土建筑

（a）学校教室环境；（b）狮子初创园

2022 年建筑界的最高荣誉奖——普利兹克奖授予非洲建筑师凯雷，使我们看到生土建筑仍然可以是人类赖以生活的居所，它能改变人生，它仍然具有可持续发展的活力与空间。

我们现在衣食无忧，便开始追寻大自然的美景和乡村风光。乡村风光能引起游人兴趣的就是田园景色和民居建筑的交相辉映。这些民居建筑应该是传统的、有地方特色的、有人文故事的建筑才会受到喜爱，这类建筑自然是历史建筑莫属。

这些历史建筑远景表现的是地方特色、历史风貌的外观形象，内部表现的是民族的文化习俗和艺术风格，而承载它们的是砌体结构和木结构。在这些建筑中，有很大一部分是生土建筑。现在，人们开始理解到，保护它们就是保护民族文化，就是保护自己的生存环境，就是传承。图 6-5-2 是笔者对乡间景色和民风建筑的理解。

（a）　　（b）

图 6-5-2 乡间景色与民风建筑

（a）远山近水人家；（b）土墙木楼雕窗

我国的生土建筑，按现代的居住要求也有不尽如人意的地方。一般空间较小，采光差，抗震性差，卫生条件达不到现代要求。为满足这些条件，就必须创想。目前，有大学和企业也在研究和探索，相信在不久的将来，绿色环保、保温隔热、抗震性好、具有时代感的生土建筑一定会回到我们的视野中。

参 考 文 献

［1］顾淦臣，陈明致．土坝设计［M］．北京：中国工业出版社，1963.

［2］梁思成．图像中国建筑史［M］．北京：生活·读书·新知三联书店，2011.

［3］本书编写组．砖石结构设计规范：GBJ 3—73［S］．北京：中国建筑工业出版社，1973.

［4］王毅红，等．标准试件、土坯及土坯砌体强度关系研究［J］．建筑科学，2002（7）.

［5］高大钊，徐超，熊启东．天然地基上的浅基础［M］．北京：机械工业出版社，1999.

［6］M Achenza, LFenu. On earth stabilization with natural polymers for earth masonry construction [J]. Materials and structure, 2006(39). 21–27.

［7］Matthew R Hall. Assessing the environmental performance of stabilized rammed earth walls using a climatic simulation chamber [J]. Building and environment, 2007(42): 139–145.

［8］黄熊．屋顶竹结构［M］．北京：建筑工程出版社，1959.

［9］李海涛，郑晓燕，郭楠，等．现代竹木结构［M］．北京：中国建筑工业出版社，2020.

［10］黄文熙．土的工程性质［M］．北京：水利电力出版社，1983.

［11］王广军．6 度地震区建筑抗震设计·鉴定·加固［M］．北京：地震出版社，1992.

［12］徐有邻．汶川地震震害调查及对建筑结构安全的反思［M］．北京：中国建筑工业出版社，2009.

［13］王贵祥，贺从容，廖慧农．中国古建筑测绘十年［M］．北京：清华大学出版社，2011.

［14］福建省建筑科学研究院．福建省地方特色古建筑保护加固关键技术研究［R］.

［15］王毅红，等．我国生土建筑研究综述［J］．土木工程学报，2015（5）.

［16］Alfred B Ngowi. Improving the traditional earth construction: a case study of Botswana[J]. Construction and building materials, 1997, 11(1): 1–7.